Agroforstwirtschaft
Integration von Bäumen und Feldfrüchten
für nachhaltige Landnutzung

Dominik Rainer

Copyright © 2023 Dominik Rainer

Alle Rechte vorbehalten.

ISBN: 9798399078106

VORWORT
Agroforstwirtschaft: Ein Paradigmenwechsel in der Landnutzung
Von Dominik Rainer

In den frühen Morgenstunden, während sich der Horizont in ein sanftes Orange verwandelt, erhebt sich ein Chor von Vogelstimmen aus einem scheinbar unendlichen Netz von Bäumen und Sträuchern. Inmitten dieses grünen Meeres sind Reihen von Maispflanzen zu sehen, die genauso vital und kräftig wachsen wie ihre hölzernen Nachbarn.

Dies ist kein gewöhnlicher Wald und auch kein traditionelles Ackerland. Es ist ein Paradebeispiel für Agroforstwirtschaft, ein dynamisches und nachhaltiges Landnutzungssystem, das die Integration von Bäumen und Feldfrüchten auf derselben Fläche fördert.

Die Agroforstwirtschaft ist mehr als nur eine Methode der Landnutzung; sie ist ein Paradigmenwechsel, der die traditionelle Dichotomie zwischen Landwirtschaft und Forstwirtschaft in Frage stellt. Stellen Sie sich eine Welt vor, in der Landwirtschaft nicht nur auf den Anbau von Nutzpflanzen, sondern auch auf den Schutz der Biodiversität, die Verbesserung der Bodenfruchtbarkeit und die Abmilderung der Auswirkungen des Klimawandels ausgerichtet ist.

Dies ist die Vision, die die Agroforstwirtschaft verfolgt, und es ist ein Ziel, das immer dringlicher und relevanter wird, da wir uns mit den immer deutlicher werdenden Auswirkungen des Klimawandels und des Artenrückgangs auseinandersetzen müssen.

Die Reise, die wir in diesem Buch unternehmen werden, ist

eine Entdeckungstour durch das vielfältige und faszinierende Universum der Agroforstwirtschaft.

Wir werden uns die Grundsätze und Vorteile der Agroforstwirtschaft genauer anschauen, die Rolle der Bäume in diesen Systemen untersuchen, uns mit den Methoden zur Planung und Gestaltung von Agroforstlandschaften vertraut machen und die sozioökonomischen und ökologischen Auswirkungen der Agroforstwirtschaft evaluieren.

Wir werden sowohl die Wissenschaft als auch die Praxis der Agroforstwirtschaft erforschen, indem wir Fallstudien aus der ganzen Welt heranziehen, um die Theorie zu illustrieren und zu erläutern.

Egal, ob Sie ein Bauer, ein Wissenschaftler, ein Entscheidungsträger oder einfach nur ein neugieriger Leser sind, der mehr über diese innovative Form der Landnutzung erfahren möchte, dieses Buch wird Sie dazu einladen, Ihre bestehenden Vorstellungen von Landwirtschaft und Forstwirtschaft zu hinterfragen und einen Blick in eine Zukunft zu werfen, in der Bäume und Feldfrüchte nicht nur nebeneinander, sondern auch miteinander existieren.

So wie die Bäume und Feldfrüchte in einem Agroforstsystem gemeinsam gedeihen, so hoffe ich, dass die Seiten dieses Buches ein reichhaltiger Boden für Ihren eigenen Wissensdurst und Ihre Neugier sein werden.

Lassen Sie uns gemeinsam auf diese Entdeckungsreise gehen und mehr über die Agroforstwirtschaft lernen, ihre Herausforderungen undihre Möglichkeiten, ihre

Vergangenheit und ihre Zukunft.

Dabei werden wir die Rolle der Agroforstwirtschaft in der Gestaltung einer nachhaltigeren, widerstandsfähigeren und inklusiveren Welt erkunden.

Im ersten Teil dieses Buches werden wir uns auf die Grundlagen der Agroforstwirtschaft konzentrieren. Was ist Agroforstwirtschaft und warum ist sie so wichtig? Wie hat sich die Agroforstwirtschaft entwickelt und warum stellt sie einen Paradigmenwechsel in unserer Vorstellung von Landnutzung dar? Wie interagieren Bäume und Feldfrüchte in Agroforstsystemen und welche Synergien und Spannungen können sich daraus ergeben?

Im zweiten Teil werden wir uns mit der Rolle der Bäume in Agroforstsystemen beschäftigen. Welche Baumarten werden in Agroforstsystemen verwendet und warum? Wie beeinflussen Bäume die Produktivität und Nachhaltigkeit von Agroforstsystemen? Und wie können erfolgreiche Baum-Feldfruchtkombinationen aussehen, wie wir anhand von Fallstudien aus der ganzen Welt sehen werden?

Im dritten Teil werden wir uns mit der Planung und dem Design von Agroforstsystemen beschäftigen. Welche Grundsätze und Strategien liegen der Gestaltung von Agroforstlandschaften zugrunde? Und wie können wir diese Prinzipien in die Praxis umsetzen, um nachhaltige und produktive Agroforstlandschaften zu schaffen?

Im vierten Teil werden wir die Vorteile der Agroforstwirtschaft näher betrachten. Wie kann die Agroforstwirtschaft die Bodenfruchtbarkeit verbessern und zur Biodiversität beitragen? Wie kann sie zur Klimaresilienz

beitragen, indem sie Emissionen reduziert und uns hilft, uns an den Klimawandel anzupassen?
Schließlich werden wir im fünften Teil des Buches die ökonomischen Aspekte der Agroforstwirtschaft untersuchen. Wie wirtschaftlich rentabel ist die Agroforstwirtschaft und welche Kosten und Nutzen sind damit verbunden?

Und welche Rolle kann die Agroforstwirtschaft bei der sozioökonomischen Entwicklung spielen, und welche Chancen und Herausforderungen ergeben sich dabei?

Mit jedem Kapitel, das wir durchgehen, werden wir tiefer in das Thema eintauchen, von der Theorie bis zur Praxis, von der Mikro- bis zur Makroebene. Es ist meine Hoffnung, dass Sie am Ende dieses Buches nicht nur ein tiefgehendes Verständnis der Agroforstwirtschaft haben, sondern auch inspiriert sind, über die Möglichkeiten nachzudenken, die sie für eine nachhaltigere und gerechtere Welt bietet.

Lassen Sie uns nun gemeinsam diese Reise beginnen. Willkommen in der faszinierenden Welt der Agroforstwirtschaft.

INHALT

1	AGROFORSTWIRTSCHAFT: EINE EINFÜHRUNG	8
2	VON MONOKULTUREN ZU MISCHKULTUREN: GESCHICHTE UND EVOLUTION DER AGROFORSTWIRTSCHAFT	10
3	BÄUME UND FELDFRÜCHTE: SYNERGIEN UND SPANNUNGEN	12
4	BÄUME ALS SCHLÜSSELAKTEURE: FUNKTIONEN UND VORTEILE FÜR DAS AGROFORSTSYSTEM	17
5	DIE BAUMARTENWAHL	20
6	FALLSTUDIEN: ERFOLGREICHE BAUM- UND FELDFRUCHTKOMBINATIONEN WELTWEIT	32
7	PLANUNG UND DESIGN VON AGROFORSTSYSTEMEN	36
8	AGROFORSTWIRTSCHAFT UND BIODIVERSITÄT: EIN WIN-WIN-SZENARIO	57
9	KLIMARESILIENZ DURCH AGROFORSTWIRTSCHAFT: REDUZIERUNG VON EMISSIONEN UND ANPASSUNG AN DEN KLIMAWANDEL	60
10	ÖKONOMISCHE ASPEKTE DER AGROFORSTWIRTSCHAFT	69
11	AGROFORSTWIRTSCHAFT UND SOZIOÖKONOMISCHE ENTWICKLUNG: CHANCEN UND HERAUSFORDERUNGEN	83
12	AGROFORSTWIRTSCHAFT: DIE ZUKUNFT DER NACHHALTIGEN LANDNUTZUNG	87
13	SCHLUSSWORT & DANKSAGUNG	91

AGROFORSTWIRTSCHAFT: EINE EINFÜHRUNG

Teil I: Grundlagen der Agroforstwirtschaft
Kapitel 1: Agroforstwirtschaft: Eine Einführung
Agroforstwirtschaft, eine alte Praxis, die in vielen traditionellen Gesellschaften tief verwurzelt ist, hat in jüngster Zeit wieder an Bedeutung gewonnen.

Aber was genau ist Agroforstwirtschaft?

Agroforstwirtschaft ist ein nachhaltiges Landnutzungssystem, das die Integration von Bäumen, Sträuchern und Nutzpflanzen auf der gleichen Fläche fördert. Es ist ein System, das sowohl ökologische als auch sozioökonomische Ziele verfolgt, indem es die Vorteile von Bäumen und Ackerbau nutzt, um sowohl die Produktivität als auch die Nachhaltigkeit der Landnutzung zu verbessern.

Im Kern basiert die Agroforstwirtschaft auf dem Prinzip der Synergie. Bäume und Feldfrüchte werden nicht nur nebeneinander, sondern auch miteinander angebaut, wobei jedes Element des Systems dazu beiträgt, die anderen zu unterstützen und zu stärken. Bäume können beispielsweise Schatten und Windschutz für empfindlichere Kulturen bieten, helfen, den Boden zu fixieren und Erosion zu verhindern, und tragen zur Verbesserung der Bodenfruchtbarkeit bei, indem sie Nährstoffe aus tieferen Bodenschichten hochziehen.

Gleichzeitig können Feldfrüchte einen wertvollen Beitrag zur Ernährungssicherheit und zum Einkommen der

Landwirte leisten, während sie auch dazu beitragen, den Boden zu bedecken und zu schützen.

Agroforstsysteme sind in ihrer Gestaltung und Anwendung unglaublich vielfältig und können an die spezifischen Bedingungen und Bedürfnisse eines bestimmten Ortes angepasst werden. Sie können aus einer Mischung von einheimischen und exotischen Baumarten bestehen, verschiedene Arten von Nutzpflanzen einschließen und eine Reihe von Anbaumethoden und -techniken nutzen. Einige Agroforstsysteme können eher waldbasiert sein, mit einer hohen Dichte an Bäumen und einer untergeordneten Schicht von Feldfrüchten, während andere eher ackerbaubasiert sein können, mit einer niedrigeren Dichte an Bäumen, die in oder um die Feldfrüchte herum angepflanzt werden.

Trotz ihrer Vielfalt teilen alle Agroforstsysteme eine Reihe von gemeinsamen Merkmalen. Sie alle nutzen die natürlichen Synergien zwischen Bäumen und Feldfrüchten, um die Produktivität und Nachhaltigkeit zu verbessern. Sie alle sind multidimensional und verfolgen sowohl ökologische als auch sozioökonomische Ziele. Und sie alle bieten eine Reihe von Vorteilen, von der Verbesserung der Bodenfruchtbarkeit und der Biodiversität bis hin zur Bereitstellung von Einkommen und Ernährungssicherheit für die Landwirte.

Die Agroforstwirtschaft ist jedoch mehr als nur eine Methode der Landnutzung. Sie ist auch eine Philosophie und ein Ansatz, der eine nachhaltigere, resilientere und integrativere Art derLandwirtschaft fördert. Sie geht von der Erkenntnis aus, dass wir unsere Landnutzungssysteme nicht in isolierten Silos betrachten können, sondern dass wir sie als vernetzte und miteinander verbundene Systeme betrachten müssen, in denen jedes Element dazu beiträgt, die anderen zu unterstützen und zu stärken. Und sie erkennt an, dass die Landwirtschaft nicht nur eine Frage der Produktion ist, sondern auch eine Frage der Erhaltung unserer natürlichen Ressourcen und der Schaffung von gesunden und widerstandsfähigen Gemeinschaften.

Von Monokulturen zu Mischkulturen:
Geschichte und Evolution der Agroforstwirtschaft

Die Geschichte der Agroforstwirtschaft ist eine Geschichte der Menschheit selbst. Seit unseren frühesten Tagen haben wir Bäume und Nutzpflanzen zusammen angebaut, um unsere Nahrung zu sichern, unseren Lebensraum zu gestalten und unsere Gemeinschaften zu stärken.

Die frühesten Spuren der Agroforstwirtschaft reichen bis in die Jäger- und Sammlerzeit zurück, als unsere Vorfahren anfingen, wilde Bäume und Pflanzen zu managen und zu kultivieren. In vielen Teilen der Welt, von den Wäldern Europas bis zu den Savannen Afrikas, von den Regenwäldern Südamerikas bis zu den Bergwäldern Asiens, entwickelten verschiedene Kulturen ihre eigenen einzigartigen Formen der Agroforstwirtschaft, angepasst an ihre spezifischen ökologischen Bedingungen und kulturellen Praktiken.

Mit der Entwicklung der modernen Landwirtschaft und dem Aufkommen der grünen Revolution im 20. Jahrhundert geriet die Agroforstwirtschaft jedoch ins Abseits. Die Dominanz von Monokulturen, die intensive Nutzung von synthetischen Düngemitteln und Pestiziden, und das Streben nach kurzfristiger Produktivität führten dazu, dass viele traditionelle Agroforstsysteme verdrängt wurden. Die Folgen dieser Umstellung auf intensive Landwirtschaft sind heute allzu bekannt: Bodenerosion, Verlust der Biodiversität, Verschlechterung der Bodenfruchtbarkeit, und eine zunehmende Vulnerabilität gegenüber den Auswirkungen des Klimawandels.

In den letzten Jahrzehnten hat sich jedoch eine neue Wertschätzung für die Agroforstwirtschaft entwickelt. Angesichts der wachsenden ökologischen und sozioökonomischen Herausforderungen, mit denen wir konfrontiert sind, erkennen immer mehr Menschen den Wert der Integration von Bäumen und Nutzpflanzen als einen Weg, um sowohl die Produktivität als auch die Nachhaltigkeit unserer Landnutzungssysteme zu verbessern.

Heute wird die Agroforstwirtschaft weltweit von Landwirten, Wissenschaftlern, Politikern und Aktivisten gleichermaßen befürwortet. Sie wird als ein Schlüsselwerkzeug zur Bekämpfung von Klimawandel und Bodendegradation angesehen, zur Verbesserung der Ernährungssicherheit und ländlichen Entwicklung, und zur Schaffung widerstandsfähiger und nachhaltiger Landwirtschaftssysteme.

Die Agroforstwirtschaft hat eine lange Geschichte und eine spannende Zukunft vor sich. Sie repräsentiert eine Brücke zwischen der Vergangenheit und der Zukunft, zwischen traditionellem Wissen und moderner Wissenschaft, zwischen Ökologie und Ökonomie. Sie zeigt uns, dass es möglich ist, sowohl produktiv als auch nachhaltig zu sein, dass wir sowohl für uns selbst als auch für die Umwelt sorgen können, und dass wir unsere Landnutzungssysteme so gestalten können, dass sie nicht nur unsere Bedürfnisse erfüllen, sondern auch das Leben auf der Erde unterstützen und bereichern.

Bäume und Feldfrüchte: Synergien und Spannungen

In jedem Agroforstsystem sind Bäume und Feldfrüchte die Hauptakteure. Ihre Beziehung bestimmt den Erfolg oder Misserfolg des gesamten Systems. Doch wie genau interagieren Bäume und Feldfrüchte in einem Agroforstsystem? Welche Synergien und Spannungen können zwischen ihnen entstehen? Und wie können wir diese Beziehungen am besten managen, um die Vorteile der Agroforstwirtschaft zu maximieren?

In einem gut gestalteten Agroforstsystem können Bäume und Feldfrüchte eine Reihe von Synergien schaffen. Bäume können zum Beispiel Schatten, Windschutz und Schutz gegen Erosion bieten, sie können Nährstoffe aus tieferen Bodenschichten hochziehen und zur Verbesserung der Bodenfruchtbarkeit beitragen, und sie können auch als Lebensraum für nützliche Insekten und andere Wildtiere dienen. Gleichzeitig können Feldfrüchte einen wertvollen Beitrag zur Ernährungssicherheit und zum Einkommen der Landwirte leisten, während sie auch dazu beitragen, den Boden zu bedecken und zu schützen.

Gleichzeitig können aber auch Spannungen zwischen Bäumen und Feldfrüchten entstehen. Bäume können zum Beispiel das Licht, das Wasser und die Nährstoffe konkurrieren, die sonst für die Feldfrüchte zur Verfügung stünden. Sie können auch die Arbeit auf dem Feld erschweren oder die Ernte beeinträchtigen. Und in einigen

Fällen können sie sogar schädliche Insekten oder Krankheiten anziehen oder verbreitenEs ist die Aufgabe des Agroforstwirts, diese Synergien zu maximieren und diese Spannungen zu minimieren.

Dies kann durch eine sorgfältige Planung und Management des Systems erreicht werden. Zum Beispiel kann die Auswahl der richtigen Baum- und Feldfruchtarten, die Anordnung und Dichte der Bäume, und die Anwendung von geeigneten Anbaumethoden und -techniken dazu beitragen, die Konkurrenz um Licht, Wasser und Nährstoffe zu reduzieren und die Vorteile der Bäume für die Feldfrüchte zu maximieren. Gleichzeitig kann ein effektives Schädlings- und Krankheitsmanagement dazu beitragen, potenzielle Probleme zu vermeiden und die Gesundheit und Produktivität des gesamten Systems zu gewährleisten.

Es ist auch wichtig zu betonen, dass die Beziehung zwischen Bäumen und Feldfrüchten nicht statisch ist, sondern sich im Laufe der Zeit entwickeln kann. Ein junger Baum kann zum Beispiel anfangs wenig Konkurrenz für die Feldfrüchte darstellen, aber mit der Zeit, wenn er größer und stärker wird, kann er beginnen, mehr Licht, Wasser und Nährstoffe zu beanspruchen.

Ebenso können die Bedürfnisse und Prioritäten der Landwirte sich im Laufe der Zeit ändern, und das Agroforstsystem muss in der Lage sein, sich diesen Veränderungen anzupassen.

Bäume und Feldfrüchte: Synergien und Spannungen

In der Welt der Agroforstwirtschaft ist die Beziehung zwischen Bäumen und Feldfrüchten von zentraler Bedeutung. Wie in einem gut choreographierten Tanz, interagieren sie miteinander und schaffen ein System, das mehr ist als die Summe seiner Teile.

In diesem Abschnitt möchten wir uns auf die Synergien und Spannungen konzentrieren, die zwischen Bäumen und Feldfrüchten entstehen können, und wie die Wahl der Baumarten diese Beziehungen beeinflussen kann.

Synergien zwischen Bäumen und Feldfrüchten

In einem gut gestalteten Agroforstsystem können Bäume und Feldfrüchte auf vielfältige Weise zusammenarbeiten, um Synergien zu schaffen. Einige der wichtigsten Synergien sind:

1. **Verbesserung der Bodenqualität:** Bäume können dazu beitragen, die Bodenqualität zu verbessern, indem sie organische Substanz hinzufügen, die Bodenstruktur verbessern und die Bodenerosion verringern. Dies kann dazu beitragen, die Fruchtbarkeit des Bodens zu erhöhen und das Wachstum der Feldfrüchte zu fördern.

2. **Schaffung eines günstigen Mikroklimas:** Bäume können dazu beitragen, ein günstiges Mikroklima für die Feldfrüchte zu schaffen, indem sie Schatten bieten, die Bodentemperatur regulieren und die Feuchtigkeit im Boden halten. Dies kann dazu beitragen, die Produktivität der Feldfrüchte zu

erhöhen und ihre Anpassungsfähigkeit an den Klimawandel zu stärken.

3. **Förderung der biologischen Vielfalt:** Bäume können dazu beitragen, die biologische Vielfalt im System zu erhöhen, indem sie Lebensraum und Nahrung für eine Vielzahl von Organismen bieten. Dies kann dazu beitragen, die Ökosystemdienstleistungen zu verbessern und die Resilienz des Systems gegenüber Störungen zu erhöhen.

Spannungen zwischen Bäumen und Feldfrüchten
Trotz dieser Synergien können zwischen Bäumen und Feldfrüchten auch Spannungen auftreten. Einige der wichtigsten Spannungen sind:

1. **Lichtkonkurrenz:** Bäume können das Licht, das die Feldfrüchte erreicht, reduzieren und so ihr Wachstum beeinträchtigen. Dies kann besonders problematisch sein für Feldfrüchte, die viel Licht benötigen.

2. **Wurzelkonkurrenz:** Bäume und Feldfrüchte können um Wasser und Nährstoffe im Boden konkurrieren. Dies kann besonders problematisch sein in trockenen Gebieten oder auf nährstoffarmen Böden.

3. **Raumkonkurrenz:** Bäume können den verfügbaren Raum für die Feldfrüchte reduzieren. Dies kann besonders problematisch sein für Feldfrüchte, die viel Platz benötigen.

Schlussfolgerungen

Die Beziehung zwischen Bäumen und Feldfrüchten in einem Agroforstsystem ist komplex und von vielen Faktoren abhängig, einschließlichder Art der Bäume und Feldfrüchte, der spezifischen Bedingungen des Standortes und der Managementpraktiken.

Durch ein gutes Verständnis dieser Synergien und Spannungen und eine sorgfältige Planung und Management können Landwirte ein Agroforstsystem schaffen, das sowohl produktiv als auch nachhaltig ist.

Die Wahl der Baumarten spielt dabei eine entscheidende Rolle. Unterschiedliche Baumarten können unterschiedliche Auswirkungen auf die Feldfrüchte haben, sowohl in Bezug auf die Synergien als auch auf die Spannungen. Eine sorgfältige Auswahl der Baumarten, die auf die spezifischen Bedingungen des Standortes und die Bedürfnisse der Feldfrüchte abgestimmt ist, kann dazu beitragen, die Synergien zu maximieren und die Spannungen zu minimieren.

Insgesamt zeigt diese Diskussion, dass die Agroforstwirtschaft kein starres System ist, sondern ein dynamisches und adaptives System, das kontinuierlich angepasst und optimiert werden kann, um die besten Ergebnisse zu erzielen.

Bäume als Schlüsselakteure:
Funktionen und Vorteile für das Agroforstsystem

Wenn wir uns das Agroforstsystem vorstellen, dürfen wir nicht vergessen, dass Bäume die Hauptdarsteller auf dieser Bühne sind. Sie nehmen eine zentrale Rolle ein, die weit über das bloße Bereitstellen von Schatten oder das Anreichern des Bodens hinausgeht.

Bäume sind die Säulen, die das Agroforstsystem stützen, sie sind die "Schlüsselakteure" dieses nachhaltigen Landnutzungsmodells. In diesem Teil des Kapitels werden wir uns eingehender mit den Funktionen und Vorteilen der Bäume für das Agroforstsystem befassen.

Funktionen der Bäume in Agroforstsystemen

Bäume übernehmen eine Vielzahl von Funktionen in Agroforstsystemen. Einige der wichtigsten sind:

1. **Bodenerhaltung und -verbesserung:** Wie bereits erwähnt, tragen Bäume durch ihre Wurzelsysteme zur Verbesserung der Bodenstruktur und -qualität bei. Sie helfen bei der Bekämpfung der Bodenerosion, fördern die Wasserinfiltration und tragen zur Erhöhung des organischen Kohlenstoffgehalts im Boden bei.

2. **Regulierung des Mikroklimas:** Bäume regulieren das Mikroklima, indem sie Schatten spenden, die Bodentemperatur regulieren und die Feuchtigkeitsverhältnisse im Boden verbessern. Diese Funktionen sind besonders wichtig in Regionen mit extremen Wetterbedingungen.

3. **Erhöhung der biologischen Vielfalt:** Bäume

dienen als Lebensraum für eine Vielzahl von Organismen, einschließlich Vögeln, Insekten und Bodenorganismen. Durch die Förderung der biologischen Vielfalt tragen Bäume zur Gesundheit und Resilienz des Ökosystems bei.

4. **Produktion von Nutzpflanzen:** Viele Bäume in Agroforstsystemen sind selbst Nutzpflanzen, die Früchte, Nüsse, Holz, Faserstoffe oder andere Produkte liefern. Diese Funktion ist besonders wichtig für die wirtschaftliche Rentabilität von Agroforstsystemen.

Vorteile der Bäume für das Agroforstsystem

Die Funktionen der Bäume bringen eine Reihe von Vorteilen für das Agroforstsystem mit sich. Einige der wichtigsten sind:

1. **Erhöhung der Systemproduktivität:** Durch die Verbesserung der Bodenqualität und das Schaffen eines günstigen Mikroklimas können Bäume dazu beitragen, die Produktivität des Systems zu erhöhen.

2. **Verbesserung der Systemresilienz:** Durch die Erhöhung der biologischen Vielfalt und die Regulierung des Mikroklimas können Bäume dazu beitragen, die Resilienz des Systems gegenüber Störungen und Klimaschwankungen zu erhöhen.

3. **Lieferung von Ökosystemdienstleistungen:** Bäume liefern eine Reihe von Ökosystemdienstleistungen, einschließlich Kohlenstoffspeicherung, Wasserregulierung und Biodiversitätserhaltung. Diese Dienstleistungen

haben sowohl lokale als auch globale Vorteile und tragen zur Nachhaltigkeit und Resilienz unserer Gesellschaft bei.

4. **Erhöhung der wirtschaftlichen Rentabilität:** Durch die Produktion von Nutzpflanzen und die Bereitstellung von Ökosystemdienstleistungen können Bäume zur wirtschaftlichen Rentabilität von Agroforstsystemen beitragen.

Es ist wichtig zu betonen, dass die spezifischen Funktionen und Vorteile der Bäume in Agroforstsystemen stark von den spezifischen Bedingungen des Systems abhängen, einschließlich der gewählten Baumarten, der spezifischen Standortbedingungen und der Managementpraktiken. Daher ist es wichtig, dass Landwirte und andere Akteure, die mit der Planung und dem Management von Agroforstsystemen betraut sind, ein gutes Verständnis der Funktionen und Vorteile von Bäumen haben und in der Lage sind, ihre Entscheidungen entsprechend anzupassen.

Die Baumartenwahl

8 ideale geeignete Baumarten für die Agroforstwirtschaft in Nord-/Mitteleuropa

Die Wahl der geeigneten Baumarten ist von entscheidender Bedeutung für den Erfolg eines Agroforstsystems. In Nord- und Mitteleuropa sind bestimmte Baumarten besonders gut geeignet, um die spezifischen klimatischen Bedingungen und Bodentypen zu bewältigen, während sie gleichzeitig wertvolle Beiträge zu den Agroforstsystemen leisten.

In diesem Abschnitt stellen wir acht ideale Baumarten vor, die für die Agroforstwirtschaft in diesen Regionen geeignet sind:

1. **Esche (Fraxinus excelsior):** Die Esche ist ein robuster und schnell wachsender Baum, der für seine hohe Holzqualität geschätzt wird. Er toleriert eine Vielzahl von Bodentypen und ist gut geeignet für Agroforstsysteme, die auf Holzproduktion abzielen.

2. **Eiche (Quercus robur und Quercus petraea):** Eichen sind bekannt für ihre Langlebigkeit und ihr hochwertiges Holz. Sie bieten auch Lebensraum für eine Vielzahl von Tierarten und tragen zur biologischen Vielfalt bei.

3. **Rotbuche (Fagus sylvatica):** Die Rotbuche ist der dominanteste Baum in vielen natürlichen Wäldern

Mitteleuropas. Sie hat ein tiefes Wurzelsystem, das hilft, den Boden zu stabilisieren und zu verbessern.

4. **Erle (Alnus glutinosa):** Die Erle ist eine hervorragende Wahl für feuchte Standorte. Sie ist in der Lage, Stickstoff aus der Luft zu binden und ihn im Boden anzureichern, wodurch sie zur Verbesserung der Bodenfruchtbarkeit beiträgt.

5. **Weide (Salix spp.):** Weiden sind schnellwachsende Bäume, die aufgrund ihrer Fähigkeit, in einer Vielzahl von Bedingungen zu wachsen, ideal für Agroforstsysteme sind. Sie können zur Biomasseproduktion, zur Bodenverbesserung und als Windschutz verwendet werden.

6. **Apfel (Malus domestica):** Apfelbäume sind in vielen traditionellen Agroforstsystemen eine beliebte Wahl. Sie liefern nicht nur wertvolle Früchte, sondern bieten auch Lebensraum und Nahrungsquellen für eine Vielzahl von Insekten und Vögeln.

7. **Pappel (Populus spp.):** Pappeln sind hochwachsende Bäume, die oft in Agroforstsystemen verwendet werden, die auf Holz- oder Biomasseproduktion abzielen. Sie haben ein tiefes Wurzelsystem, das zur Verbesserung der Bodenstruktur beiträgt.

8. **Linde (Tilia cordata):** Die Linde ist ein traditioneller Baum in vielen Teilen Europas. Sie ist bekannt für ihren Honigtau, der wertvollen Nektar für Bienen bietet, und ihr dichtes Blätterdach, das

einen effektiven Schattenwurf bietet.

Bei der Auswahl der geeigneten Baumarten für ein Agroforstsystem ist es wichtig, die spezifischen Anforderungen und Ziele des Systems zu berücksichtigen, einschließlich der Art der Unterwuchs-Kulturen, der Bodenverhältnisse, des Klimas und der beabsichtigten Produkte (z.B. Holz, Früchte, Nüsse, Biomasse).

Darüber hinaus sollten Aspekte wie die Anpassungsfähigkeit der Baumarten an lokale Bedingungen, ihre Resistenz gegen Krankheiten und Schädlinge, ihre Wachstumsrate und ihre Interaktionen mit anderen Pflanzen und Tieren berücksichtigt werden.

Jeder dieser Bäume bringt seine eigenen einzigartigen Vorteile und Herausforderungen mit sich, und die erfolgreiche Integration von ihnen in ein Agroforstsystem erfordert eine sorgfältige Planung und Management. Durch die Verwendung einer Kombination dieser Bäume können Landwirte und Forstwirte Systeme schaffen, die nicht nur produktiv sind, sondern auch zur Verbesserung der Bodenfruchtbarkeit, zur Erhaltung der Biodiversität und zur Anpassung an den Klimawandel beitragen.

8 ideale Geeignete Baumarten für Agroforstwirtschaft in Nordamerika

In diesem Abschnitt werden wir acht ideal geeignete Baumarten für die Agroforstwirtschaft in Nordamerika vorstellen:

1. Ahorn (Acer spp.): Der Ahornbaum ist in

Nordamerika weit verbreitet und liefert sowohl wertvolles Holz als auch den berühmten Ahornsirup. Ahorne sind robust und anpassungsfähig und eignen sich gut für Mischkulturen mit vielen verschiedenen Arten von Unterwuchs-Kulturen.

2. Eiche (Quercus spp.): Eichen sind für ihre Langlebigkeit und Robustheit bekannt und liefern hochwertiges Holz. Darüber hinaus sind ihre Eicheln eine wichtige Nahrungsquelle für viele Tierarten, was zur Förderung der Biodiversität beiträgt.

3. Schwarznuss (Juglans nigra): Die Schwarznuss ist bekannt für ihr hochwertiges Holz und ihre schmackhaften Nüsse. Sie hat tiefe Wurzeln, die dazu beitragen, den Boden zu lockern und die Bodenfruchtbarkeit zu verbessern.

4. Apfelbaum (Malus domestica): Der Apfelbaum ist eine hervorragende Wahl für Agroforstsysteme, die auf die Produktion von Obst ausgerichtet sind. Apfelbäume können gut mit verschiedenen Unterwuchs-Kulturen koexistieren und liefern nahrhafte und schmackhafte Früchte.

5. Douglasie (Pseudotsuga menziesii): Diese immergrüne Konifere ist in den westlichen Regionen Nordamerikas heimisch und liefert wertvolles Holz. Sie ist an verschiedene Klima- und Bodenbedingungen angepasst und kann in gemischten Wäldern mit vielen verschiedenen Arten von Unterwuchs-Kulturen gedeihen.

6. Pekannuss (Carya illinoinensis): Der Pekannussbaum liefert schmackhafte Nüsse und wertvolles Hartholz. Er hat tiefe Wurzeln, die helfen, den Boden zu verbessern und Wasser zu speichern, und seine Nüsse sind eine wichtige Nahrungsquelle für viele Tierarten.

7. Kiefer (Pinus spp.): Kiefernarten sind in ganz Nordamerika verbreitet und liefern wertvolles Holz und Kiefernnüsse. Sie sind anpassungsfähig und robust und eignen sich gut für Mischkulturen mit vielen verschiedenen Arten von Unterwuchs-Kulturen.

8. Kastanie (Castanea spp.): Kastanienbäume liefern schmackhafte Nüsse und wertvolles Holz. Sie sind anpassungsfähig und können in verschiedenen Boden- und Klimabedingungen gedeihen.

In der Tat kann die richtige Auswahl der Baumarten den Unterschied ausmachen, ob ein Agroforstsystem erfolgreich ist oder nicht. Es ist wichtig, die spezifischen Bedürfnisse und Anforderungen Ihrer Region und Ihres spezifischen Standortes zu berücksichtigen. Darüber hinaus sollte die Kompatibilität mit den geplanten Unterwuchs-Kulturen sowie die gewünschten Produkte und Dienstleistungen berücksichtigt werden.

8 ideale geeignete Baumarten für die Agroforstwirtschaft in Südamerika

In Südamerika gibt es eine Vielzahl von Bäumen, die sich gut für die Agroforstwirtschaft eignen. Hier sind acht ideal geeignete Arten:

1. **Obstbäume (Zitronen-, Mangobäume usw.):** Obstbäume sind ein wesentlicher Bestandteil vieler Agroforstsysteme in Südamerika. Sie tragen zur Ernährungssicherheit der lokalen Gemeinschaften bei, indem sie Früchte für den persönlichen Gebrauch oder für den lokalen Handel produzieren.

2. **Schnellwachsende Arten (Akazien, Kautschukbaum, Capirona, Bolaïna):** Diese Arten ermöglichen es den Gemeinden, Holz und Kautschuk zu produzieren, ohne direkt in den Amazonas-Regenwald gehen zu müssen. Sie tragen zur Erhaltung der Wälder bei und fördern gleichzeitig wirtschaftliche Aktivitäten.

3. **Vielfältige Arten (Cedar-Acajou, Mahagoni, Anden-Erle, Silberkiefer):** Diese Arten werden auf den umliegenden Berghängen gepflanzt, um Bodenerosion zu begrenzen und eine zusätzliche Einkommensquelle für die Bevölkerung zu schaffen.

4. **Wertvolle oder gefährdete einheimische Arten (Zeder, Mahagoni, Walnuss, Tornillo):** Durch die Wiedereinführung dieser Arten in den Agroforstsystemen werden neue Einkommensquellen für die Gemeinschaften geschaffen. Gleichzeitig tragen sie zur Erhaltung der Artenvielfalt bei.

5. **Produktive Arten oder Baumhülsenfrüchte:**

Diese Arten transformieren degradierte Gebiete in Wälder und verbessern die Böden für die Landwirtschaft. Sie tragen auch zur Verringerung der Mangelernährung bei und erhöhen die Lebensräume für die Biodiversität.

6. **Hochwertiges einheimisches Holz (Mahagoni, Samanea):** Diese Arten werden entlang der Umzäunungen gepflanzt und dienen als lebende Zäune. Sie tragen zur Diversität des Ökosystems bei und bieten gleichzeitig hochwertiges Holz für den Verkauf.

7. **Wertvolles Hartholz (Eiche):** Diese Arten wachsen neben Feldfrüchten wie Mais und Weizen und bieten gleichzeitig wertvolles Holz für den Verkauf. Sie tragen auch dazu bei, die Bodenerosion zu verringern und die Bodenqualität zu verbessern.

8. **Leucaena:** Leucaena ist eine Leguminosenart, die reich an Proteinen ist und sich gut für die Silvopastoral-Weidewirtschaft eignet. Sie fixiert Stickstoff im Boden, wodurch der Bedarf an Düngemitteln verringert wird. Leucaena kann den Boden natürlich düngen und hilft dabei, die Bodenfeuchtigkeit zu erhalten.

Insgesamt tragen diese Baumarten dazu bei, die Nachhaltigkeit der Agroforstwirtschaft in Südamerika zu verbessern, indem sie wirtschaftliche Vorteile für die Gemeinschaften bieten, die Bodenqualität verbessern und zur Biodiversität beitragen.

8 ideale geeignete Baumarten für die Agroforstwirtschaft in Australien

Die Wahl der richtigen Baumarten ist entscheidend für den Erfolg von Agroforstsystemen in Australien. Aufgrund der spezifischen klimatischen Bedingungen und der ökologischen Vielfalt des Landes gibt es eine Vielzahl von Baumarten, die sich gut für die Agroforstwirtschaft eignen. Hier sind acht ideal geeignete Baumarten:

1. Eukalyptus (Eucalyptus spp.): Eukalyptus ist eine weit verbreitete Baumart in Australien und spielt eine wichtige Rolle in Agroforstsystemen. Es gibt verschiedene Arten von Eukalyptus, die für unterschiedliche Zwecke genutzt werden können, wie zum Beispiel Holzproduktion, Honigproduktion oder Windschutz.

2. Akazien (Acacia spp.): Akazien sind eine weitere häufig vorkommende Baumart in Australien und eignen sich gut für Agroforstsysteme. Sie sind bekannt für ihre Stickstofffixierungsfähigkeiten, die zur Verbesserung der Bodenfruchtbarkeit beitragen können. Akazien werden auch für ihre vielfältigen Verwendungsmöglichkeiten geschätzt, wie zum Beispiel als Futter für Vieh oder zur Holzproduktion.

3. Macadamia (Macadamia spp.): Macadamia ist eine in Australien heimische Baumart, die für ihre schmackhaften Nüsse bekannt ist. Sie eignet sich gut für die Agroforstwirtschaft, da sie Schatten spendet und gleichzeitig eine ertragreiche Nussproduktion

ermöglicht.

4. Zitrusbäume (Citrus spp.): Zitrusbäume wie Orangen-, Zitronen- und Grapefruitbäume sind in Australien beliebt und werden oft in Agroforstsystemen angebaut. Sie bieten nicht nur eine ertragreiche Fruchtproduktion, sondern dienen auch als Schattenspender für andere Kulturen.

5. Sheoak (Casuarina spp.): Sheoak ist eine trockenheitsresistente Baumart, die sich gut für Agroforstsysteme in Australien eignet. Sie kann zur Bodenstabilisierung beitragen und gleichzeitig als wertvolles Holz für verschiedene Zwecke genutzt werden.

6. Feigenbäume (Ficus spp.): Feigenbäume sind in Australien weit verbreitet und spielen eine wichtige Rolle in Agroforstsystemen. Sie bieten Schatten, Früchte und tragen zur Verbesserung der Bodenqualität bei.

7. Sandalenholz (Santalum spp.): Sandalenholz ist eine wertvolle Baumart, die in Agroforstsystemen in Australien angebaut wird. Es wird für seine duftenden und hochwertigen Holzprodukte geschätzt.

8. Kasuarinen (Allocasuarina spp.): Kasuarinen sind Baumarten, die gut an die klimatischen Bedingungen in Australien angepasst sind. Sie bieten Windschutz, tragen zur Stickstofffixierung bei und können als Schattenspender oder für die Holzproduktion genutzt werden.

Die Wahl der Baumarten für Agroforstsysteme in Australien sollte von den spezifischen Anforderungen des Standorts, den klimatischen Bedingungen und den landwirtschaftlichen Zielen abhängen.

Es ist wichtig, lokale Kenntnisse und Erfahrungen zu berücksichtigen, um die besten Ergebnisse zu erzielen.

8 ideale geeignete Baumarten für die Agroforstwirtschaft in Asien

Die Auswahl der richtigen Baumarten ist von entscheidender Bedeutung für den Erfolg von Agroforstsystemen in Asien.

Angesichts der vielfältigen klimatischen Bedingungen und ökologischen Gegebenheiten des Kontinents gibt es eine breite Palette von Baumarten, die sich gut für die Agroforstwirtschaft eignen. Im Folgenden sind acht ideal geeignete Baumarten für Agroforstsysteme in Asien aufgeführt:

1. **Bambus (Bambusoideae):** Bambus ist eine der bekanntesten Baumarten in Asien und hat eine vielfältige Verwendung in der Agroforstwirtschaft. Es wächst schnell und dient als wertvolles Baumaterial, bietet Schatten, Erosionsschutz und kann zur Tierfutterproduktion genutzt werden.

2. **Kokosnussbaum (Cocos nucifera):** Der Kokosnussbaum ist ein Symbol für tropische Regionen und spielt eine wichtige Rolle in der

Agroforstwirtschaft in Asien. Neben der Produktion von Kokosnüssen bietet er Schatten, Schutz vor Wind und Erosion sowie verschiedene andere Produkte wie Kokosöl und Kokosnussholz.

3. **Teakbaum (Tectona grandis)**: Teakholz ist bekannt für seine Haltbarkeit und wird häufig in der Möbelherstellung verwendet. Der Teakbaum wächst gut in tropischen Regionen Asiens und kann in Agroforstsystemen als wertvolle Holzquelle dienen.

4. **Mango (Mangifera indica)**: Mangobäume sind in Asien weit verbreitet und spielen eine wichtige Rolle in der Agroforstwirtschaft. Sie produzieren leckere Früchte und bieten Schatten für andere Pflanzen.

5. **Kakao (Theobroma cacao)**: Der Kakaoanbau ist in vielen Teilen Asiens verbreitet. Kakao ist eine wertvolle Baumart in Agroforstsystemen, da sie Schatten für andere Kulturen bietet und gleichzeitig hochwertige Kakaobohnen produziert.

6. **Neem (Azadirachta indica)**: Der Neembaum ist in Asien weit verbreitet und hat eine lange Geschichte in der traditionellen Medizin. Er bietet Schatten, wirkt insektenabweisend und kann in Agroforstsystemen als natürlicher Schädlingsbekämpfer dienen.

7. **Kautschukbaum (Hevea brasiliensis)**: Der Kautschukbaum ist eine wichtige Baumart für die Kautschukproduktion und wird in vielen Teilen Asiens angebaut. Er kann in Agroforstsystemen als Einkommensquelle dienen und gleichzeitig den

Boden schützen und die Bodenfruchtbarkeit verbessern.

8. **Ginkgo (Ginkgo biloba):** Der Ginkgo ist eine einzigartige Baumart, die in Asien heimisch ist und wegen ihrer medizinischen und ökologischen Eigenschaften geschätzt wird. Er bietet Schatten und trägt zur Biodiversität bei.

Die Wahl der Baumarten für Agroforstsysteme in Asien sollte von den spezifischen klimatischen Bedingungen, den landwirtschaftlichen Zielen und den örtlichen Gegebenheiten abhängen. Es ist wichtig, lokale Kenntnisse und Erfahrungen einzubeziehen, um die besten Ergebnisse zu erzielen und die Nachhaltigkeit der Agroforstwirtschaft in Asien zu fördern.

Fallstudien: Erfolgreiche Baum- und Feldfruchtkombinationen weltweit

Die Erforschung und Umsetzung erfolgreicher Baum- und Feldfruchtkombinationen weltweit bietet wertvolle Erkenntnisse und Inspiration für die Agroforstwirtschaft.

In diesem Kapitel werden wir verschiedene Fallstudien betrachten, in denen Baum- und Feldfruchtkombinationen erfolgreich umgesetzt wurden. Diese Fallstudien zeigen die Vielfalt der möglichen Kombinationen und die positiven Auswirkungen auf die landwirtschaftliche Produktivität, die Umwelt und die Gemeinschaften.

1. **Die Agroforstsysteme in Brasilien:** Brasilien ist bekannt für seine erfolgreichen Agroforstsysteme, insbesondere in der Amazonasregion. In dieser Fallstudie werden wir uns mit den kombinierten Anbaumethoden von Kaffee und Kakao mit Schattenbäumen befassen. Durch den Einsatz von Schattenbäumen wie Eukalyptus oder Inga können die Kaffeepflanzen vor extremer Hitze geschützt werden, während der Kakao von der Schattenspende profitiert. Diese Kombination verbessert nicht nur die Qualität der Ernte, sondern trägt auch zur Erhaltung der Biodiversität und der Bodengesundheit bei.

2. **Die Agroforstsysteme in Westafrika:** In Westafrika wurden Agroforstsysteme mit Baumarten wie Sheabutterbaum und Moringa erfolgreich

implementiert. Diese Baumarten dienen als Schattenspender für verschiedene Feldfrüchte wie Mais, Hirse oder Erdnüsse. Die Kombination dieser Bäume mit den Feldfrüchten bietet den Bauern eine vielfältige Einkommensquelle und trägt gleichzeitig zur Wiederherstellung und dem Schutz der Bodenfruchtbarkeit bei.

3. **Die Agroforstsysteme in Südostasien:** In Ländern wie Indonesien und Thailand wurden Agroforstsysteme mit Obstbäumen wie Durian, Mangostan oder Rambutan erfolgreich umgesetzt. Diese Bäume werden in Kombination mit Gemüse- und Reisfeldern angebaut. Die Agroforstsysteme bieten nicht nur eine erhöhte landwirtschaftliche Produktivität und Erntevielfalt, sondern auch eine nachhaltige Einkommensquelle für die Bauern.

4. **Die Agroforstsysteme in Mexiko:** In Mexiko wurden Agroforstsysteme mit Avocado- und Zitrusbäumen erfolgreich entwickelt. Diese Bäume werden zusammen mit Mais, Bohnen und Kürbis angebaut, wodurch eine synergistische Interaktion zwischen den Kulturen entsteht. Die Agroforstsysteme in Mexiko tragen zur Ernährungssicherheit bei und bieten den Bauern eine stabile Einkommensquelle.

5. **Die Agroforstsysteme in Kenia:** In Kenia wurden Agroforstsysteme mit Baumarten wie Akazien und Grasarten wie Brachiaria entwickelt. Diese Kombination ermöglicht eine nachhaltige

Tierhaltung in Verbindung mit der Produktion von Tierfutter. Die Akazien bieten Schatten, während das Gras als Weide dient. Diese Agroforstsysteme tragen zur Bodenfruchtbarkeit bei und bieten den Bauern eine verbesserte Einkommensquelle durch Milch- und Fleischproduktion.

6. **Die Agroforstsysteme in Indien:** In Indien wurden Agroforstsysteme mit Baumarten wie Neem und Fruchtbaumarten wie Mango erfolgreich implementiert. Die Kombination dieser Bäume mit Getreide- und Hülsenfruchtkulturen bietet den Bauern eine vielfältige Ernte und erhöhte landwirtschaftliche Produktivität. Darüber hinaus haben diese Agroforstsysteme positive Auswirkungen auf die Bodengesundheit und die biologische Vielfalt.

7. **Die Agroforstsysteme in Peru:** In Peru wurden Agroforstsysteme mit Kaffee und Schattenbäumen wie Ingabäumen erfolgreich umgesetzt. Die Ingabäume dienen als natürliche Schattenspender für die Kaffeepflanzen und verbessern die Qualität der Kaffeebohnen. Diese Kombination bietet den Bauern eine nachhaltige Einkommensquelle und trägt zur Erhaltung der Biodiversität im Anbaugebiet bei.

8. **Die Agroforstsysteme in Australien:** In Australien wurden Agroforstsysteme mit Baumarten wie Eukalyptus und Zitrusfrüchten erfolgreich entwickelt. Diese Kombination bietet den Bauern eine vielfältige Ernte und ermöglicht die nachhaltige

Nutzung von Landressourcen. Die Agroforstsysteme in Australien tragen zur Erosionskontrolle bei und bieten ökologische und wirtschaftliche Vorteile.

Diese Fallstudien zeigen, dass die Kombination von Baum- und Feldfruchtkulturen in Agroforstsystemen weltweit erfolgreich sein kann. Sie demonstrieren die vielfältigen Möglichkeiten und Vorteile, die diese nachhaltige landwirtschaftliche Praxis bietet.

Die Erkenntnisse aus diesen Fallstudien können Landwirten und Landnutzern als Leitfaden für die Umsetzung ähnlicher Systeme in ihrer Region dienen.

Planung und Design von Agroforstsystemen

Die Planung und das Design von Agroforstsystemen sind von entscheidender Bedeutung, um eine erfolgreiche und nachhaltige Integration von Bäumen und Feldfrüchten zu gewährleisten. In diesem Kapitel werden wir uns mit den grundlegenden Prinzipien und Strategien für die Planung und das Design von Agroforstsystemen befassen.

Wir werden verschiedene Aspekte berücksichtigen, darunter Standortauswahl, Baumartenwahl, Anbautechniken und räumliche Anordnung.

1. **Standortauswahl:** Die Auswahl des richtigen Standorts ist ein wichtiger erster Schritt bei der Planung eines Agroforstsystems. Es ist wichtig, die klimatischen Bedingungen, den Bodentyp, die topografischen Gegebenheiten und die Verfügbarkeit von Wasserressourcen zu berücksichtigen. Die Analyse dieser Faktoren hilft bei der Identifizierung von geeigneten Standorten und der Auswahl der am besten geeigneten Baum- und Feldfruchtarten.

2. **Baumartenwahl:** Die Auswahl der richtigen Baumarten ist entscheidend für den Erfolg eines Agroforstsystems. Es ist wichtig, Baumarten auszuwählen, die den örtlichen Bedingungen entsprechen und synergistische Vorteile für die Feldfrüchte bieten. Faktoren wie Wachstumsgeschwindigkeit, Wurzelsystem, Schattentoleranz und ökologische Interaktionen

sollten bei der Auswahl berücksichtigt werden. Es kann auch sinnvoll sein, eine Kombination aus einheimischen Baumarten und Arten mit wirtschaftlichem Wert zu wählen, um ökologische und wirtschaftliche Vorteile zu erzielen.

3. **Anbautechniken:** Die richtigen Anbautechniken sind entscheidend, um das Potenzial eines Agroforstsystems voll auszuschöpfen. Dies beinhaltet die richtige Bodenvorbereitung, die Anpassung der Bewässerungsmethoden, die Schädlings- und Krankheitskontrolle sowie das richtige Management von Baum- und Feldfruchtarten. Die Anwendung nachhaltiger landwirtschaftlicher Praktiken wie Kompostierung, organische Düngung und integrierter Schädlingsbekämpfung kann die Gesundheit des Systems verbessern und die Erträge steigern.

4. **Räumliche Anordnung:** Die räumliche Anordnung von Bäumen und Feldfrüchten in einem Agroforstsystem ist ein wichtiger Aspekt des Designs. Die Wahl der richtigen Anordnung hängt von verschiedenen Faktoren ab, darunter die gewünschte Wechselwirkung zwischen den Pflanzen, die maximale Nutzung des verfügbaren Raums und die Optimierung von Licht, Wasser und Nährstoffen. Es gibt verschiedene Ansätze wie Reihenpflanzung, Streifenpflanzung oder gemischte Anordnung, die je nach den Zielen des Systems und den Standortbedingungen gewählt werden können.

5. **Unterstützungssysteme und Infrastruktur:** Bei der Planung und dem Design von

Agroforstsystemen ist es wichtig, auch die erforderliche Unterstützungssysteme und Infrastruktur zu berücksichtigen. Dies kann die Einrichtung von Bewässerungssystemen, Schattennetzen, Windschutzmaßnahmen und Wegen umfassen. Eine gut durchdachte Infrastruktur kann zur effizienten Bewirtschaftung des Systems beitragen und die Arbeitsabläufe erleichtern.

6. **Langfristige Managementstrategien:** Die Planung und das Design von Agroforstsystemen sollten auch langfristige Managementstrategien umfassen. Dies beinhaltet die regelmäßige Pflege der Bäume und Feldfrüchte, das Monitoring von Schädlingen und Krankheiten, das rechtzeitige Beschneiden und die Erneuerung von Pflanzen sowie die Implementierung von Maßnahmen zur Bodenverbesserung und Erosionskontrolle. Langfristiges Management ist entscheidend, um die Produktivität und Nachhaltigkeit des Agroforstsystems aufrechtzuerhalten.

Bei der Standortauswahl für ein Agroforstsystem müssen mehrere Faktoren berücksichtigt werden, um sicherzustellen, dass der Standort für das Wachstum und die Entwicklung der Baum- und Feldfruchtarten geeignet ist.

Hier sind einige wichtige Aspekte, die bei der Standortauswahl zu beachten sind:

1. **Klimatische Bedingungen:** Die klimatischen Bedingungen haben einen großen Einfluss auf das Wachstum und die Produktivität von Pflanzen. Es

ist wichtig, den Niederschlagsmuster, die Durchschnittstemperaturen, die Sonneneinstrahlung und die jahreszeitlichen Schwankungen zu berücksichtigen. Verschiedene Baum- und Feldfruchtarten haben unterschiedliche Anforderungen an die klimatischen Bedingungen. Daher ist es wichtig, Baumarten und Feldfrüchte auszuwählen, die den spezifischen klimatischen Bedingungen des Standorts entsprechen.

2. **Bodentyp:** Der Bodentyp spielt eine entscheidende Rolle für das Wachstum und die Gesundheit der Pflanzen. Verschiedene Baum- und Feldfruchtarten haben unterschiedliche Bodenanforderungen in Bezug auf Nährstoffgehalt, pH-Wert, Drainage und Textur. Es ist wichtig, den Bodentyp des Standorts zu analysieren, um sicherzustellen, dass er für die gewählten Pflanzenarten geeignet ist. In einigen Fällen können auch Bodenverbesserungsmaßnahmen erforderlich sein, um die Bodenqualität für das Agroforstsystem zu optimieren.

3. **Topografie:** Die topografischen Gegebenheiten des Standorts beeinflussen den Wasserfluss, die Erosionsneigung und die Exposition gegenüber Sonnenlicht. Hanglagen können beispielsweise zu erhöhter Erosion führen, während flache Gebiete möglicherweise anfällig für Wasserstagnation sind. Es ist wichtig, die topografischen Merkmale des Standorts zu berücksichtigen und gegebenenfalls Maßnahmen zur Erosionskontrolle und zur effizienten Wassernutzung zu ergreifen.

4. **Verfügbarkeit von Wasserressourcen:** Die Verfügbarkeit von Wasserressourcen ist von entscheidender Bedeutung für das Wachstum und die Entwicklung der Pflanzen. Die Analyse der Wasserressourcen umfasst die Untersuchung des Wasserverfügbarkeitsmusters, die Beurteilung der Qualität des verfügbaren Wassers und die Identifizierung von Bewässerungsmöglichkeiten. Wenn die natürliche Wasserversorgung begrenzt ist, müssen geeignete Bewässerungsmethoden implementiert werden, um sicherzustellen, dass die Pflanzen ausreichend mit Wasser versorgt werden können.

Die sorgfältige Analyse dieser Faktoren hilft bei der Identifizierung von geeigneten Standorten für das Agroforstsystem. Eine umfassende Bewertung ermöglicht es den Landwirten, die am besten geeigneten Baum- und Feldfruchtarten auszuwählen, die den spezifischen Bedingungen des Standorts entsprechen. Dies wiederum trägt zur erfolgreichen Etablierung und Produktivität des Agroforstsystems bei.

Bei der Auswahl der Baumarten für ein Agroforstsystem ist es wichtig, die spezifischen Bedingungen vor Ort zu berücksichtigen.

Hier sind einige wichtige Aspekte, die bei der Baumartenwahl zu beachten sind:

1. **Anpassungsfähigkeit an die lokalen Bedingungen:** Die ausgewählten Baumarten sollten den örtlichen klimatischen Bedingungen, Bodentypen und topografischen Gegebenheiten

entsprechen. Dies stellt sicher, dass die Bäume unter den gegebenen Bedingungen gut wachsen und gedeihen können. Einheimische Baumarten haben oft eine natürliche Anpassungsfähigkeit an die lokalen Umweltbedingungen und sind daher eine gute Wahl. Es kann jedoch auch sinnvoll sein, exotische Baumarten einzuführen, die sich als gut angepasst und produktiv erwiesen haben.

2. **Synergien mit Feldfrüchten:** Die ausgewählten Baumarten sollten synergistische Vorteile für die Feldfrüchte bieten. Dies kann zum Beispiel durch die Bereitstellung von Schatten für hitzeempfindliche Pflanzen, die Bereitstellung von Nährstoffen durch das Falllaub oder die Wurzelausscheidungen oder die Verbesserung der Bodenstruktur durch das Wurzelsystem erreicht werden. Es ist wichtig, Baumarten zu wählen, die positive Interaktionen mit den angebauten Feldfrüchten haben und ihnen nicht schaden.

3. **Wachstumsgeschwindigkeit und Lebensdauer:** Die Wachstumsgeschwindigkeit der Baumarten ist ein wichtiger Faktor, der berücksichtigt werden sollte. Schnell wachsende Baumarten können schnell Schatten spenden und andere Vorteile bieten, während langsam wachsende Baumarten möglicherweise stabiler und langlebiger sind. Es kann sinnvoll sein, eine Kombination aus schnell wachsenden und langsam wachsenden Baumarten zu wählen, um sowohl kurzfristige als auch langfristige Vorteile zu erzielen.

4. **Wurzelsystem und Bodenerosion:** Das

Wurzelsystem der ausgewählten Baumarten spielt eine wichtige Rolle bei der Verhinderung von Bodenerosion. Tiefwurzelnde Baumarten können den Boden stabilisieren und die Erosionsneigung verringern. Es ist auch wichtig, auf die Interaktionen zwischen den Wurzelsystemen der Bäume und den Wurzelsystemen der Feldfrüchte zu achten, um Konkurrenz um Wasser und Nährstoffe zu minimieren.

5. **Ökologische Interaktionen:** Die ausgewählten Baumarten sollten positive ökologische Interaktionen mit der umgebenden Flora und Fauna haben. Dies kann die Bereitstellung von Lebensraum für Vögel und Insekten, die Förderung der Bestäubung oder die Unterdrückung von Schädlingen umfassen. Die Wahl von Baumarten, die in der örtlichen Ökologie gut etabliert sind und wichtige ökologische Funktionen erfüllen, kann zu einer verbesserten Biodiversität und Stabilität des Agroforstsystems beitragen.

6. **Kombination von einheimischen Baumarten und wirtschaftlich wertvollen Arten:** Eine gute Strategie ist es, eine Kombination aus einheimischen Baumarten und Arten mit wirtschaftlichem Wert zu wählen. Einheimische Baumarten sind oft gut angepasst und fördern die lokale Biodiversität. Arten mit wirtschaftlichem Wert können zusätzliche Einkommensquellen für die Landwirte schaffen. Diese Kombination ermöglicht ökologische und wirtschaftliche Vorteile und trägt zur langfristigen Nachhaltigkeit des Agroforstsystems bei.

Durch die sorgfältige Auswahl der Baumarten unter Berücksichtigung dieser Faktoren kann ein Agroforstsystem geschaffen werden, das sowohl ökologisch als auch wirtschaftlich erfolgreich ist.

Bei der Umsetzung eines Agroforstsystems sind die richtigen Anbautechniken von großer Bedeutung, um das volle Potenzial des Systems auszuschöpfen.

Hier sind einige wichtige Aspekte, die bei den Anbautechniken zu beachten sind:

1. **Bodenvorbereitung:** Eine angemessene Bodenvorbereitung ist entscheidend, um optimale Wachstumsbedingungen für sowohl Bäume als auch Feldfrüchte zu schaffen. Dies beinhaltet das Entfernen von Unkraut und anderen Pflanzenresten, das Anpassen des pH-Werts des Bodens, das Hinzufügen von organischen Materialien wie Kompost oder Mulch zur Verbesserung der Bodenstruktur und Fruchtbarkeit. Eine gute Bodenvorbereitung legt den Grundstein für gesundes Pflanzenwachstum und eine erfolgreiche Ernte.

2. **Bewässerung:** Die Bewässerung ist ein wichtiger Faktor, um sicherzustellen, dass sowohl Bäume als auch Feldfrüchte ausreichend Wasser erhalten. Je nach klimatischen Bedingungen und Wasserverfügbarkeit können unterschiedliche Bewässerungsmethoden angewendet werden, wie z. B. Tropfbewässerung, Sprinklerbewässerung oder Schwerkraftbewässerung. Die Überwachung des Wasserbedarfs der Pflanzen und die Anpassung der Bewässerungsmenge und -häufigkeit sind

entscheidend, um eine effiziente Nutzung des Wassers zu gewährleisten.

3. **Schädlings- und Krankheitskontrolle:** Die Kontrolle von Schädlingen und Krankheiten ist wichtig, um die Gesundheit der Bäume und Feldfrüchte zu erhalten. Integrierte Schädlingsbekämpfungsmethoden sollten angewendet werden, um den Einsatz von chemischen Pestiziden zu minimieren. Dies kann die Förderung von natürlichen Feinden von Schädlingen, die Anwendung von biologischen Pestiziden und die Wahl resistenter Sorten umfassen. Durch eine regelmäßige Beobachtung und frühzeitige Erkennung von Schädlings- und Krankheitsproblemen können geeignete Maßnahmen ergriffen werden, um den Schaden zu minimieren.

4. **Management von Baum- und Feldfruchtarten:** Das Management der Baum- und Feldfruchtarten umfasst die regelmäßige Pflege und Wartung, um optimales Wachstum und Ertrag zu gewährleisten. Dies beinhaltet das Beschneiden der Bäume, um ihre Form und Produktivität zu erhalten, das Entfernen von Unkraut um die Feldfrüchte herum, das Ausdünnen von Früchten, um eine Überlastung zu vermeiden, und das rechtzeitige Ernten der reifen Früchte. Ein gutes Management trägt zur Gesundheit des Systems und zur Maximierung der Erträge bei.

5. **Nachhaltige landwirtschaftliche Praktiken:** Die Anwendung nachhaltiger landwirtschaftlicher Praktiken spielt eine wichtige Rolle bei der

Gesundheit des Agroforstsystems. Dies beinhaltet die Verwendung von organischen Düngemitteln wie Kompost, um den Boden zu bereichern und Nährstoffe bereitzustellen, die Vermeidung von chemischen Pestiziden und Herbiziden, um die Umweltbelastung zu reduzieren, und die Förderung der Biodiversität durch den Erhalt von natürlichen Lebensräumen und die Schaffung von Blühstreifen. Nachhaltige Praktiken tragen zur langfristigen Stabilität und Nachhaltigkeit des Agroforstsystems bei.

Die Anwendung dieser Anbautechniken in einem Agroforstsystem kann dazu beitragen, gesunde Pflanzen zu fördern, die Erträge zu steigern, die Umweltbelastung zu reduzieren und die langfristige Nachhaltigkeit zu gewährleisten.

Ein effektives Management des Systems in Bezug auf Bodenvorbereitung, Bewässerung, Schädlings- und Krankheitskontrolle sowie die richtige Pflege der Baum- und Feldfruchtarten ist der Schlüssel zum Erfolg eines Agroforstsystems.

Die räumliche Anordnung von Bäumen und Feldfrüchten in einem Agroforstsystem kann je nach den Zielen und Bedingungen des Systems variieren.

Hier sind einige gängige Ansätze:

1. **Reihenpflanzung:** Bei der Reihenpflanzung werden die Bäume in geraden Reihen angeordnet, wodurch eine klar definierte Struktur entsteht. Diese Anordnung erleichtert die Bewirtschaftung und den

Zugang zu den Pflanzen. Zwischen den Baumreihen können Feldfrüchte angebaut werden, wodurch der verfügbare Raum optimal genutzt wird. Diese Anordnung eignet sich gut für Systeme, in denen die Bäume hauptsächlich als Schattenspender dienen und die Feldfrüchte viel Sonnenlicht benötigen.

2. **Streifenpflanzung:** Bei der Streifenpflanzung werden Bäume und Feldfrüchte in parallel verlaufenden Streifen angeordnet. Diese Anordnung ermöglicht eine größere Interaktion zwischen den Pflanzen und fördert synergistische Effekte. Die Bäume können beispielsweise als Windschutz dienen und die Bodenerosion reduzieren, während die Feldfrüchte von den Schatten- und Feuchtigkeitsregulierungsvorteilen der Bäume profitieren. Die Streifenpflanzung kann zu einer erhöhten Vielfalt und Produktivität führen.

3. **Gemischte Anordnung:** Bei der gemischten Anordnung werden Bäume und Feldfrüchte in einer Mischung angepflanzt, ohne eine klare räumliche Trennung. Diese Anordnung fördert eine intensive Wechselwirkung zwischen den Pflanzen und eine hohe Vielfalt. Die Bäume können als Schattenspender dienen, die Feuchtigkeit im Boden erhöhen und nützliche Insekten anziehen, während die Feldfrüchte von diesen Vorteilen profitieren. Die gemischte Anordnung kann zu einer erhöhten Biodiversität, verbessertem Nährstoffkreislauf und einer insgesamt nachhaltigeren Landnutzung führen.

Die Wahl der räumlichen Anordnung sollte sorgfältig durchdacht werden, um die gewünschten

Wechselwirkungen zwischen den Pflanzen zu fördern und den verfügbaren Raum effizient zu nutzen. Es ist wichtig, die Standortbedingungen, die Art der Bäume und Feldfrüchte sowie die Ziele des Agroforstsystems zu berücksichtigen. Durch die Auswahl der richtigen Anordnung kann die Effizienz des Systems maximiert und eine harmonische Interaktion zwischen den Pflanzen gefördert werden.

Die Bereitstellung von Unterstützungssystemen und Infrastruktur ist ein wichtiger Aspekt bei der Planung und dem Design von Agroforstsystemen.

Hier sind einige Beispiele für unterstützende Elemente und Infrastrukturmaßnahmen, die berücksichtigt werden sollten:

1. **Bewässerungssysteme:** Je nach den klimatischen Bedingungen und dem Wasserbedarf der Pflanzen ist die Einrichtung eines Bewässerungssystems möglicherweise erforderlich. Dies kann die Installation von Bewässerungsleitungen, Tropfbewässerungssystemen oder anderen effizienten Bewässerungstechniken umfassen. Ein gut geplantes Bewässerungssystem gewährleistet eine ausreichende Wasserversorgung für die Bäume und Feldfrüchte und maximiert die Wassernutzungseffizienz.

2. **Schattennetze:** In einigen Fällen kann es notwendig sein, Schattennetze zu installieren, um den jungen Bäumen Schutz vor intensiver Sonneneinstrahlung zu bieten. Dies ist besonders wichtig in den frühen Entwicklungsstadien, um die Überlebensrate der Bäume zu erhöhen und ein gesundes Wachstum zu

fördern. Schattennetze können je nach Bedarf temporär oder dauerhaft installiert werden.

3. **Windschutzmaßnahmen:** In Regionen mit starken Winden ist es wichtig, Windschutzmaßnahmen zu ergreifen, um die Bäume vor mechanischer Belastung zu schützen. Dies kann die Errichtung von Windschutzwällen, Hecken oder anderen Schutzstrukturen umfassen. Windschutzmaßnahmen tragen dazu bei, das Risiko von Schäden durch Windbruch oder Sturm zu verringern und das Wachstum und die Gesundheit der Bäume zu fördern.

4. **Wege und Zugangswege:** Die Anlage von Wegen und Zugangswegen innerhalb des Agroforstsystems erleichtert die Bewirtschaftung, Ernte und Pflege der Pflanzen. Gut geplante Wege ermöglichen einen bequemen Zugang zu den verschiedenen Bereichen des Systems und erleichtern den Transport von Werkzeugen, Ausrüstung und Erntegut. Die Wege sollten so gestaltet sein, dass sie eine gute Erreichbarkeit und Effizienz in den Arbeitsabläufen gewährleisten.

Die Einrichtung dieser Unterstützungssysteme und Infrastrukturmaßnahmen trägt dazu bei, die Effizienz und Produktivität des Agroforstsystems zu verbessern. Eine gut durchdachte Infrastruktur erleichtert die Bewirtschaftung, den Zugang und die Arbeitsabläufe und trägt zur langfristigen Nachhaltigkeit des Systems bei. Es ist wichtig, die spezifischen Anforderungen und Bedingungen des Standorts zu berücksichtigen und die Infrastruktur entsprechend anzupassen.

Langfristige Managementstrategien spielen eine entscheidende Rolle bei der Aufrechterhaltung der Produktivität und Nachhaltigkeit eines Agroforstsystems.

Hier sind einige wichtige Aspekte, die bei der Entwicklung langfristiger Managementstrategien berücksichtigt werden sollten:
1. **Regelmäßige Pflege:** Eine regelmäßige Pflege der Bäume und Feldfrüchte ist entscheidend, um ihr gesundes Wachstum und ihre Produktivität sicherzustellen. Dies umfasst das Entfernen von Unkraut, das Ausdünnen von Bäumen, das Beschneiden von Zweigen und das Entfernen von abgestorbenen Pflanzenteilen. Durch regelmäßige Pflegemaßnahmen können die Pflanzen optimalen Platz, Licht und Nährstoffe erhalten.

2. **Monitoring von Schädlingen und Krankheiten:** Das regelmäßige Monitoring von Schädlingen und Krankheiten ist wichtig, um potenzielle Probleme frühzeitig zu erkennen und geeignete Maßnahmen zu ergreifen. Dies kann die Überwachung von Insektenpopulationen, das Erkennen von Krankheitssymptomen und das Durchführen von gezielten Behandlungen umfassen. Durch ein effektives Schädlings- und Krankheitsmanagement kann das Risiko von Ernteausfällen minimiert werden.

3. **Beschneidung und Erneuerung:** Das rechtzeitige Beschneiden der Bäume und Erneuerung von Pflanzen ist entscheidend, um die Gesundheit und Produktivität des Agroforstsystems

aufrechtzuerhalten. Dies beinhaltet das Entfernen von übermäßigem Wachstum, das Formen der Bäume, das Entfernen von beschädigten oder kranken Pflanzenteilen und das Pflanzen neuer Bäume, um ältere oder abgestorbene Bäume zu ersetzen.

4. **Bodenverbesserung und Erosionskontrolle:** Die Implementierung von Maßnahmen zur Bodenverbesserung und Erosionskontrolle ist entscheidend, um die langfristige Fruchtbarkeit des Bodens zu erhalten. Dies kann die Anwendung von organischen Düngemitteln, die Durchführung von Bodenanalysen und die Umsetzung von Maßnahmen zur Bodenbedeckung wie Mulchen und Gründüngung umfassen. Durch den Schutz des Bodens vor Erosion und die Verbesserung seiner Nährstoff- und Wasserspeicherfähigkeit wird die langfristige Produktivität des Agroforstsystems gesichert.

Die Entwicklung und Umsetzung langfristiger Managementstrategien erfordert kontinuierliche Aufmerksamkeit und Anpassung an die sich ändernden Bedingungen. Es ist wichtig, dass Landwirte und Betreiber von Agroforstsystemen über die besten Praktiken und aktuellen Forschungsergebnisse informiert bleiben, um ihre Managementstrategien kontinuierlich zu verbessern und ihre Systeme nachhaltig zu betreiben.

Die Vorteile der Agroforstwirtschaft

Die Agroforstwirtschaft bietet eine Vielzahl von Vorteilen, die sowohl ökologische, soziale als auch wirtschaftliche Aspekte umfassen. In diesem Kapitel werden wir ausführlich auf die verschiedenen Vorteile eingehen und ihre Bedeutung für eine nachhaltige Landnutzung hervorheben.

1. **Verbesserung der Bodenfruchtbarkeit**: Ein wichtiger Vorteil der Agroforstwirtschaft liegt in ihrer Fähigkeit, die Bodenfruchtbarkeit zu verbessern. Durch die Kombination von Bäumen mit landwirtschaftlichen Kulturen werden verschiedene ökologische Prozesse gefördert, die zur Anreicherung des Bodens mit Nährstoffen und organischer Substanz führen. Die Bäume liefern Laub und andere organische Materialien, die den Boden mit wertvollen Nährstoffen versorgen und zur Humusbildung beitragen. Darüber hinaus tragen die Wurzeln der Bäume zur Lockerung des Bodens bei und helfen, Erosion zu reduzieren.

2. **Förderung der Biodiversität**: Agroforstsysteme bieten eine vielfältige Lebensraumstruktur, die Lebensbedingungen für eine breite Palette von Pflanzen- und Tierarten schafft. Die Kombination von Bäumen, Feldfrüchten und möglicherweise Tierhaltung fördert die Vielfalt und den Reichtum an Arten. Bäume bieten Lebensraum für Vögel, Insekten und andere Tiere, während die unteren Schichten des Agroforstsystems Lebensraum für verschiedene Pflanzenarten bieten. Eine erhöhte Biodiversität hat positive Auswirkungen auf die

Bestäubung, natürliche Schädlingsbekämpfung und die allgemeine Stabilität des Ökosystems.

3. **Klimaresilienz und Kohlenstoffbindung**: Agroforstsysteme spielen eine wichtige Rolle bei der Bekämpfung des Klimawandels. Bäume in Agroforstsystemen absorbieren Kohlendioxid aus der Atmosphäre und binden es in ihrer Biomasse. Dadurch tragen sie zur Reduzierung der Treibhausgasemissionen bei und tragen zur Minderung des Klimawandels bei. Darüber hinaus können Agroforstsysteme auch zur Verbesserung der Klimaresilienz beitragen, indem sie die Auswirkungen von Extremwetterereignissen wie Dürren oder Stürmen abmildern. Die Bäume dienen als Schutz gegen Erosion, Wind und Temperaturschwankungen, was die landwirtschaftlichen Erträge stabilisiert.

4. **Wirtschaftliche Vorteile**: Agroforstsysteme bieten auch verschiedene wirtschaftliche Vorteile. Durch die Kombination von Bäumen mit landwirtschaftlichen Kulturen können zusätzliche Einnahmequellen geschaffen werden. Die Bäume können Holz, Früchte, Nüsse oder andere Produkte liefern, die vermarktet werden können. Dies diversifiziert die Einkommensquellen der Landwirte und schafft Möglichkeiten für eine nachhaltige und rentable Landwirtschaft. Darüber hinaus können Agroforstsysteme langfristig stabile Erträge liefern, da sie widerstandsfähiger gegenüber Klimaschwankungen und Schädlingsbefall sein können.

5. **Soziale Vorteile**: Agroforstsysteme bieten auch eine Reihe von sozialen Vorteilen. Sie können zur Verbesserung der Ernährungssicherheit beitragen, indem sie eine Vielzahl von Lebensmitteln und Nährstoffen liefern. Agroforstsysteme fördern auch die lokale Gemeinschaftsbeteiligung und das Wissenstransfer, da sie oft traditionelle landwirtschaftliche Praktiken nutzen und die Zusammenarbeit zwischen Landwirten fördern. Darüber hinaus können Agroforstsysteme zur Armutsbekämpfung beitragen, indem sie ländlichen Gemeinden alternative Einkommensquellen bieten und die Abhängigkeit von einer einzelnen Kultur verringern.

Diese Vorteile der Agroforstwirtschaft machen sie zu einer attraktiven und nachhaltigen Landnutzungsoption. In den folgenden Kapiteln werden wir tiefer in die verschiedenen Aspekte der Agroforstwirtschaft eintauchen und detaillierte Informationen zur Umsetzung und Praxis geben.

Es ist wichtig zu verstehen, dass die Vorteile von Agroforstsystemen von verschiedenen Faktoren abhängen, wie Standortbedingungen, Baumartenwahl, Anbautechniken und Managementstrategien. Nur durch eine ganzheitliche Betrachtung und sorgfältige Planung können die Vorteile der Agroforstwirtschaft voll ausgeschöpft werden.

Verbesserung der Bodenfruchtbarkeit durch Agroforstwirtschaft

Die Bodenfruchtbarkeit ist von entscheidender Bedeutung

für eine nachhaltige und produktive Landwirtschaft. Gesunde und fruchtbare Böden bieten optimale Bedingungen für das Pflanzenwachstum und tragen zur Nährstoffversorgung der Kulturen bei.

Agroforstsysteme haben das Potenzial, eine Reihe von positiven Auswirkungen auf den Boden zu haben, darunter die Steigerung der organischen Substanz, die Verbesserung der Bodenstruktur und -textur, die Erhöhung der Wasserspeicherkapazität und die Förderung der Nährstoffverfügbarkeit.

1. Erhöhung der organischen Substanz:
Agroforstsysteme tragen zur Erhöhung des organischen Materials im Boden bei. Die Bäume in Agroforstsystemen liefern Laub, Äste und andere organische Materialien, die auf den Boden fallen und zu einer Anreicherung der organischen Substanz führen. Durch den Abbau dieser Materialien durch Mikroorganismen und Bodenlebewesen entsteht Humus, der den Boden mit wertvollen Nährstoffen versorgt und die Bodenstruktur verbessert. Ein höherer Gehalt an organischer Substanz im Boden führt zu einer verbesserten Wasserhaltefähigkeit und Nährstoffbindung, was wiederum das Pflanzenwachstum fördert.

2. Verbesserung der Bodenstruktur:
Die Wurzeln der Bäume in Agroforstsystemen durchdringen den Boden und tragen zur Verbesserung der Bodenstruktur bei. Sie lockern den Boden auf und erhöhen seine Durchlässigkeit für Wasser und Luft. Dies erleichtert das Eindringen von Wurzeln von landwirtschaftlichen Kulturen und

verbessert die Wasserinfiltration und -retention im Boden. Eine verbesserte Bodenstruktur reduziert auch das Risiko von Bodenerosion und fördert eine bessere Durchwurzelung und Nährstoffaufnahme der Pflanzen.

3. **Erhöhung der Wasserspeicherkapazität:**
Agroforstsysteme können die Wasserspeicherkapazität des Bodens erhöhen. Die Bäume fungieren als Wasserpumpen, die Wasser aus tieferen Bodenschichten aufnehmen und durch Transpiration in die Atmosphäre abgeben. Dies trägt zur Regulierung des Wasserhaushalts bei und kann zur Vorbeugung von Überschwemmungen beitragen. Darüber hinaus sorgen die Baumkronen für eine Reduzierung der Bodenoberflächentemperatur und verringern die Verdunstung, was zu einer effizienteren Nutzung des verfügbaren Wassers führt.

4. **Förderung der Nährstoffverfügbarkeit:**
Agroforstsysteme können die Nährstoffverfügbarkeit im Boden erhöhen. Die Bäume in Agroforstsystemen haben unterschiedliche Wurzelsysteme, die verschiedene Bodenschichten erschließen und eine breite Palette von Nährstoffen aufnehmen können. Diese Nährstoffe werden dann durch die Baumkronen freigesetzt und gelangen wieder in den Boden, wo sie von den landwirtschaftlichen Kulturen genutzt werden können. Darüber hinaus können bestimmte Baumarten Stickstoff aus der Luft binden und den Boden mit diesem wichtigen Nährstoff anreichern.

5. **Schutz vor Bodenerosion:**

Agroforstsysteme bieten auch einen Schutz vor Bodenerosion. Die Bäume fungieren als Wind- und Erosionsschutz, indem sie den Boden vor starken Winden und Starkregenereignissen schützen. Die Baumwurzeln halten den Boden fest und verhindern seine Erosion. Dies ist besonders wichtig in Hanglagen oder Gebieten mit empfindlichen Böden, wo Bodenerosion ein ernsthaftes Problem darstellt.

Die Agroforstwirtschaft spielt eine wichtige Rolle bei der Verbesserung der Bodenfruchtbarkeit. Durch die Erhöhung der organischen Substanz, die Verbesserung der Bodenstruktur, die Erhöhung der Wasserspeicherkapazität, die Förderung der Nährstoffverfügbarkeit und den Schutz vor Bodenerosion tragen Agroforstsysteme zur Schaffung gesunder und fruchtbarer Böden bei. Die Implementierung von Agroforstsystemen erfordert jedoch eine sorgfältige Planung und ein angepasstes Management, um die bestmöglichen Ergebnisse zu erzielen.

Agroforstwirtschaft und Biodiversität: Ein Win-Win-Szenario

Die Agroforstwirtschaft ist nicht nur ein effektiver Ansatz zur nachhaltigen Landwirtschaft, sondern auch ein bedeutendes Werkzeug zum Schutz und zur Förderung der Biodiversität. In diesem Kapitel werden wir uns eingehend mit der Beziehung zwischen Agroforstsystemen und der Biodiversität befassen.

Wir werden die vielfältigen Möglichkeiten untersuchen, wie Agroforstwirtschaft dazu beitragen kann, die Artenvielfalt zu erhalten, Lebensräume für verschiedene Tier- und Pflanzenarten zu schaffen und ökologische Gleichgewichte zu fördern.

1. **Erhaltung von Lebensräumen:**
   Agroforstsysteme bieten eine Vielzahl von Lebensräumen für verschiedene Arten. Die Kombination aus Bäumen, Sträuchern und landwirtschaftlichen Kulturen schafft eine abwechslungsreiche und komplexe Umgebung, die verschiedenen Tier- und Pflanzenarten Lebensraum und Nahrung bietet. Die unterschiedlichen Höhen- und Schichtstrukturen in Agroforstsystemen bieten Verstecke, Nistplätze und Brutstätten für Vögel, Insekten und andere Tiere. Die Vielfalt der Pflanzenarten fördert auch die Anwesenheit verschiedener Insekten, die wiederum als Bestäuber dienen.

2. **Förderung der Artenvielfalt:**
   Agroforstsysteme tragen zur Förderung der

Artenvielfalt bei, indem sie die Lebensbedingungen für eine breite Palette von Arten schaffen. Durch die Kombination von Baumarten mit verschiedenen Blütezeiten und Fruchtreifezeiten können Agroforstsysteme das ganze Jahr über Nahrungsquellen für verschiedene Arten bereitstellen. Dies trägt zur Anziehung und Erhaltung einer Vielzahl von Bestäubern, Vögeln, kleinen Säugetieren und anderen Tierarten bei. Darüber hinaus können Agroforstsysteme auch Rückzugsräume für gefährdete oder bedrohte Arten bieten und zum Schutz ihrer Populationen beitragen.

3. **Förderung der ökologischen Gleichgewichte:**
Agroforstsysteme unterstützen die Aufrechterhaltung von ökologischen Gleichgewichten. Die Vielfalt der Pflanzenarten in Agroforstsystemen zieht eine Vielzahl von Insektenarten an, darunter auch natürliche Feinde von Schädlingen. Dies kann zu einer natürlichen Schädlingskontrolle beitragen und den Bedarf an chemischen Pestiziden verringern. Die Anwesenheit von Bäumen in Agroforstsystemen kann auch den Boden- und Wasserhaushalt regulieren, indem sie Erosion verhindern, den Wasserhaushalt stabilisieren und die Bodenfruchtbarkeit fördern.

4. **Integration von Wildpflanzen:**
Agroforstsysteme bieten auch die Möglichkeit, Wildpflanzenarten zu integrieren und zu erhalten. Durch die gezielte Auswahl und den Anbau einheimischer Wildpflanzen können Agroforstsysteme wichtige Lebensräume für Wildtiere und Bestäuber schaffen. Die Erhaltung

und Förderung von Wildpflanzenarten trägt zur Aufrechterhaltung der biologischen Vielfalt bei und kann dazu beitragen, gefährdete oder bedrohte Arten zu schützen.

Agroforstwirtschaft und Biodiversität gehen Hand in Hand. Agroforstsysteme bieten Lebensräume, fördern die Artenvielfalt, unterstützen ökologische Gleichgewichte und ermöglichen die Integration von Wildpflanzen. Die Schaffung und Erhaltung von Agroforstsystemen ist daher nicht nur von agronomischer Bedeutung, sondern auch ein wertvoller Beitrag zum Schutz und zur Förderung der Biodiversität.

Klimaresilienz durch Agroforstwirtschaft:
Reduzierung von Emissionen und Anpassung an den Klimawandel

Der Klimawandel stellt eine der größten Herausforderungen unserer Zeit dar. Die Agroforstwirtschaft bietet jedoch eine vielversprechende Lösung zur Reduzierung von Treibhausgasemissionen und zur Anpassung an die Auswirkungen des Klimawandels. In diesem Kapitel werden wir uns eingehend mit der Rolle der Agroforstwirtschaft bei der Steigerung der Klimaresilienz befassen. Wir werden untersuchen, wie Agroforstsysteme zur Verringerung von Emissionen beitragen können und gleichzeitig landwirtschaftliche Systeme widerstandsfähiger gegenüber den Auswirkungen des Klimawandels machen.

Reduzierung von Treibhausgasemissionen:
Agroforstsysteme spielen eine wichtige Rolle bei der Reduzierung von Treibhausgasemissionen. Durch die Integration von Bäumen in landwirtschaftliche Flächen können Agroforstsysteme CO_2 aus der Atmosphäre binden und langfristig in Holz und Biomasse speichern. Darüber hinaus können Agroforstsysteme auch den Einsatz von chemischen Düngemitteln und Pestiziden reduzieren, was zu einer Verringerung der mit der konventionellen Landwirtschaft verbundenen Emissionen führt. Die verbesserte Bodenqualität in Agroforstsystemen kann auch die Freisetzung von Kohlenstoff aus dem Boden verringern.

Anpassung an den Klimawandel:
Agroforstsysteme sind aufgrund ihrer Struktur und Vielfalt besser in der Lage, den Auswirkungen des Klimawandels standzuhalten. Die Anwesenheit von Bäumen bietet Schutz vor extremen Wetterereignissen wie Starkregen, Stürmen

und Hitzewellen. Die Schattenwirkung der Bäume kann die Bodentemperatur senken und die Verdunstung reduzieren, was besonders in trockenen Regionen von Vorteil ist. Agroforstsysteme können auch zur Verbesserung der Wasserretention und -filtration beitragen, was insbesondere in Gebieten mit zunehmender Wasserknappheit von Bedeutung ist.

Förderung der Biodiversität:
Agroforstsysteme tragen nicht nur zur Reduzierung von Emissionen und zur Anpassung an den Klimawandel bei, sondern fördern auch die Biodiversität. Die Kombination von Bäumen, Sträuchern und landwirtschaftlichen Kulturen schafft vielfältige Lebensräume für verschiedene Tier- und Pflanzenarten. Die erhöhte Vielfalt an Pflanzenarten in Agroforstsystemen zieht verschiedene Insektenarten an, die als Bestäuber dienen. Die Förderung der Biodiversität in Agroforstsystemen ist entscheidend, um resilientere Ökosysteme zu schaffen und die Auswirkungen des Klimawandels abzumildern.

Sozioökonomische Vorteile:
Die Agroforstwirtschaft bietet auch eine Reihe von sozioökonomischen Vorteilen im Zusammenhang mit dem Klimawandel. Agroforstsysteme können zusätzliche Einkommensquellen für Landwirte schaffen, indem sie den Verkauf von Holz, Früchten und anderen Erzeugnissen ermöglichen. Sie können auch die Ernährungssicherheit erhöhen, indem sie eine vielfältigere Palette von Nahrungsmitteln und Ressourcen bereitstellen. Agroforstsysteme fördern auch die lokale Beschäftigung und stärken die Resilienz von ländlichen Gemeinschaften gegenüber den Auswirkungen des Klimawandels.

Die Agroforstwirtschaft spielt eine entscheidende Rolle bei der Steigerung der Klimaresilienz von landwirtschaftlichen Systemen. Durch die Reduzierung von Emissionen, die Anpassung an den Klimawandel, die Förderung der Biodiversität und die Schaffung sozioökonomischer Vorteile trägt die Agroforstwirtschaft zur nachhaltigen Entwicklung bei und bietet eine vielversprechende Lösung für die Herausforderungen des Klimawandels.

Wüstenbegrünung und Desertifikationsprävention

Die Wüstenbildung und die Ausbreitung von Trockengebieten sind ernsthafte Probleme, die weltweit auftreten und negative Auswirkungen auf die Umwelt, die Landwirtschaft und die Lebensgrundlagen der Menschen haben.

In diesem Kapitel werden wir uns mit nachhaltigen Methoden zur Wüstenaufforstung und Desertifikationsprävention befassen.

Allan Savory, ein renommierter Experte auf diesem Gebiet, hat innovative Ansätze entwickelt, die helfen, die Ausbreitung von Wüsten zu stoppen und die fruchtbaren Böden wiederherzustellen. In diesem Kapitel werden wir uns mit seinen Ideen und anderen erfolgreichen Ansätzen zur Wüstenbegrünung und Desertifikationsprävention auseinandersetzen.

1. **Allan Savory und die Holistische Weidemanagement-Methode:**
Allan Savory ist ein Umweltschützer und Gründer

des Savory Institute. Er hat das Holistische Weidemanagement entwickelt, eine Methode zur nachhaltigen Beweidung von Land, um die Wüstenbildung zu stoppen und die Bodenfruchtbarkeit wiederherzustellen. Wir werden uns eingehend mit dieser Methode befassen und erfahren, wie sie zur Wüstenaufforstung beitragen kann.

2. **Agroforstwirtschaft in trockenen Gebieten:**
Die Agroforstwirtschaft spielt auch in trockenen Gebieten eine wichtige Rolle bei der Desertifikationsprävention. Durch die Kombination von Bäumen mit landwirtschaftlichen Kulturen können Agroforstsysteme den Boden vor Erosion schützen, Wasser sparen und die Bodenfruchtbarkeit verbessern. Wir werden uns erfolgreiche Beispiele für Agroforstsysteme in trockenen Regionen ansehen und verstehen, wie sie zur Bekämpfung der Wüstenbildung beitragen.
3. **Bewässerungstechniken und Wassermanagement:**
Effiziente Bewässerungstechniken und ein intelligentes Wassermanagement sind entscheidend für die Wüstenaufforstung und die Prävention von Desertifikation. Wir werden verschiedene Bewässerungsmethoden wie Tröpfchenbewässerung, Nebelbewässerung und Regenwassernutzung untersuchen und verstehen, wie sie in trockenen Gebieten eingesetzt werden können, um die Wasserknappheit zu bewältigen und die Pflanzenproduktivität zu steigern.

Erfolgreiche Fallstudien: In diesem Kapitel werden wir auch erfolgreiche Fallstudien aus verschiedenen Teilen der

Welt betrachten, in denen Wüstenaufforstung und Desertifikationsprävention umgesetzt wurden. Wir werden uns mit den angewandten Methoden, den erzielten Ergebnissen und den sozioökonomischen Vorteilen für die betroffenen Gemeinschaften befassen.

Die Bekämpfung der Wüstenbildung und die Prävention von Desertifikation sind von entscheidender Bedeutung, um die Umwelt zu schützen, die landwirtschaftliche Produktivität zu steigern und die Lebensgrundlagen der Menschen in trockenen Gebieten zu erhalten.

Durch innovative Ansätze wie das Holistische Weidemanagement, die Agroforstwirtschaft und effizientes Wassermanagement können wir die Ausbreitung von Wüsten stoppen und fruchtbare Landschaften wiederherstellen. Im nächsten Kapitel werden wir uns mit den sozialen und wirtschaftlichen Auswirkungen von Agroforstsystemen und Wüstenaufforstung befassen und verstehen, wie diese Praktiken das Leben der Menschen verbessern können.

Fallstudien

1. **Die "Great Green Wall" (Große Grüne Mauer) in Afrika:**
   Dieses Projekt zielt darauf ab, einen 8.000 Kilometer langen Gürtel aus Bäumen und Vegetation zu schaffen, der sich quer durch die Sahelzone erstreckt, um die Ausbreitung der Wüste Sahara zu stoppen. Das Projekt umfasst mehrere afrikanische Länder und wurde als eine der vielversprechendsten Initiativen zur Bekämpfung der Desertifikation

anerkannt.

2. **Die "Terraformation" in China:**
In einigen Teilen Chinas wurden innovative Ansätze zur Bekämpfung der Desertifikation entwickelt. Ein Beispiel ist das sogenannte "Terraformation"-Projekt, bei dem große Mengen an Erde und organischem Material auf kahle, ausgedörrte Flächen aufgebracht werden, um den Boden fruchtbar zu machen und die Wüstenbildung zu stoppen. Dieser Ansatz hat in einigen Regionen zu positiven Ergebnissen geführt.

3. **Agroforstwirtschaft in Brasilien:**
In einigen Teilen Brasiliens, wie zum Beispiel im Bundesstaat Piauí, wurden Agroforstwirtschaftssysteme implementiert, um die Bodenfruchtbarkeit zu verbessern und die Ausbreitung von Wüstenbildung zu verhindern. Durch die Kombination von Bäumen mit landwirtschaftlichen Kulturen können Bodenerosion reduziert, die Wasserretention erhöht und die Lebensbedingungen für Pflanzen und Tiere verbessert werden.

4. **Wasserbewirtschaftung in Israel:**
Israel ist bekannt für seine fortschrittlichen Techniken zur Wassergewinnung und -verwaltung in trockenen Regionen. Durch den Einsatz von Tropfbewässerungssystemen, Meerwasserentsalzung und Wasserrecycling konnte Israel erfolgreich Landwirtschaft betreiben und die Auswirkungen der Desertifikation reduzieren.

Diese Fallstudien zeigen, dass durch eine Kombination verschiedener Ansätze, wie Aufforstung, Bodenverbesserung, nachhaltige Landwirtschaft und effiziente Wasserbewirtschaftung, die Desertifikation erfolgreich bekämpft und verhindert werden kann. Es ist wichtig, dass solche Präventionsmaßnahmen auf lokaler, regionaler und internationaler Ebene umgesetzt werden, um langfristige positive Auswirkungen zu erzielen.

Holistisches Weidemanagement:
Nachhaltige Beweidung zur Wiederherstellung von Ökosystemen

Das holistische Weidemanagement ist eine innovative Methode zur Beweidung von Weideflächen, die auf den Prinzipien der Nachhaltigkeit und Regenerierung von Ökosystemen basiert. In diesem Kapitel werden wir uns ausführlich mit dieser Methode befassen und ihre Anwendungsmöglichkeiten sowie die Vorteile für die Umwelt und die Landwirtschaft untersuchen.

1. **Grundprinzipien des holistischen Weidemanagements:**
   Das holistische Weidemanagement basiert auf vier Grundprinzipien: ganzheitliches Denken, Zeitmanagement, intensive Beweidung und Erholungsphasen für das Grasland. Wir werden jedes dieser Prinzipien im Detail betrachten und verstehen, wie sie zusammenwirken, um gesunde Weideflächen zu schaffen und die Produktivität des Landes zu steigern.
2. **Management der Weidetiere:**
3. Das Management der Weidetiere spielt eine entscheidende Rolle im holistischen Weidemanagement. Wir werden uns mit verschiedenen Aspekten des Tiermanagements

befassen, wie z.B. die Anzahl und Dichte der Tiere, die Rotationsbeweidung, das Lenken des Bewegungsmusters der Herden und die Auswahl der richtigen Tierarten. Durch ein intelligentes Tiermanagement können die ökologischen und wirtschaftlichen Vorteile des holistischen Weidemanagements maximiert werden.

4. **Ökologische Vorteile des holistischen Weidemanagements:** Das holistische Weidemanagement trägt zur Verbesserung der Bodenqualität, zur Steigerung der Artenvielfalt, zur Wasserspeicherung und zur Reduzierung von Erosion und Überweidung bei. Wir werden uns detailliert mit den ökologischen Vorteilen befassen und verstehen, wie diese Methode dazu beitragen kann, die Gesundheit von Ökosystemen wiederherzustellen und die natürlichen Ressourcen nachhaltig zu nutzen.

5. **Wirtschaftliche Vorteile des holistischen Weidemanagements:** Das holistische Weidemanagement kann auch wirtschaftliche Vorteile für die Landwirte und Viehzüchter bringen. Durch eine verbesserte Bodenfruchtbarkeit, eine erhöhte Viehproduktivität und eine effizientere Ressourcennutzung können die Betriebskosten gesenkt und die Einkommen gesteigert werden. Wir werden erfolgreiche Fallstudien und Beispiele für die wirtschaftlichen Vorteile des holistischen Weidemanagements betrachten.

6. **Erfolgreiche Umsetzung und Herausforderungen:** Die erfolgreiche Umsetzung des holistischen Weidemanagements erfordert eine enge

Zusammenarbeit zwischen den Landwirten, Viehzüchtern, Naturschutzorganisationen und Regierungsbehörden. Wir werden uns mit den Herausforderungen bei der Implementierung befassen und Erfolgsfaktoren für eine nachhaltige Beweidungspraxis identifizieren.

Das holistische Weidemanagement bietet eine vielversprechende Lösung für die nachhaltige Beweidung und die Wiederherstellung von Ökosystemen. Durch die Anwendung dieser Methode können wir die Produktivität der Weideflächen steigern, die Artenvielfalt fördern und gleichzeitig die ökologischen und wirtschaftlichen Vorteile maximieren. Es ist an der Zeit, das holistische Weidemanagement als eine zentrale Säule nachhaltiger Landwirtschaft zu betrachten und seine Anwendung auf globaler Ebene zu fördern.

Ökonomische Aspekte der Agroforstwirtschaft

In diesem Kapitel werden wir uns ausführlich mit den ökonomischen Aspekten der Agroforstwirtschaft befassen. Die Agroforstwirtschaft bietet nicht nur ökologische und soziale Vorteile, sondern auch wirtschaftliche Chancen für Landwirte, Waldbesitzer und Gemeinden. Wir werden die verschiedenen wirtschaftlichen Dimensionen der Agroforstwirtschaft untersuchen und verstehen, wie sie zur Schaffung nachhaltiger und profitabler landwirtschaftlicher Systeme beitragen können.

1. **Diversifizierung der Einkommensquellen:**
   Die Agroforstwirtschaft ermöglicht eine Diversifizierung der Einkommensquellen für Landwirte und Waldbesitzer. Durch den Anbau von Baum- und Feldfruchtarten können sie zusätzliche Einnahmen erzielen, sei es durch den Verkauf von Holz, Früchten, Nüssen oder anderen Produkten. Wir werden verschiedene Ansätze zur Einkommensdiversifizierung in der Agroforstwirtschaft betrachten und erfolgreiche Fallbeispiele analysieren.

2. **Wertsteigerung von landwirtschaftlichen Flächen:**
   Die Integration von Bäumen in landwirtschaftliche Flächen kann zu einer Wertsteigerung der Grundstücke führen. Bäume bieten nicht nur ökologische Vorteile, sondern auch ökonomische Vorteile, indem sie den Boden verbessern, die Erträge steigern und die Attraktivität des Landes für potenzielle Käufer erhöhen. Wir werden

untersuchen, wie die Agroforstwirtschaft zur Wertsteigerung von landwirtschaftlichen Flächen beitragen kann.

3. **Kosteneinsparungen und Ressourceneffizienz:**
Die Agroforstwirtschaft kann auch zu Kosteneinsparungen und einer effizienteren Ressourcennutzung führen. Durch die Nutzung von Bäumen als natürliche Ressourcen für Schutz, Schattenspende und Bodenverbesserung können Landwirte und Waldbesitzer die Kosten für chemische Düngemittel, Pestizide und Bewässerung reduzieren. Wir werden die wirtschaftlichen Vorteile der Ressourceneffizienz in der Agroforstwirtschaft betrachten.

4. **Förderung des ländlichen Unternehmertums:**
Die Agroforstwirtschaft bietet Möglichkeiten zur Förderung des ländlichen Unternehmertums. Durch die Integration von Baum- und Feldfruchtarten können lokale Gemeinschaften neue Geschäftsmöglichkeiten schaffen, sei es durch die Verarbeitung und Vermarktung von Produkten, die Entwicklung von ökotouristischen Angeboten oder die Bereitstellung von landwirtschaftlichen Dienstleistungen. Wir werden erfolgreiche Beispiele für ländliches Unternehmertum in der Agroforstwirtschaft untersuchen.

5. **Zugang zu Finanzierung und Unterstützung:**
Um die wirtschaftlichen Vorteile der Agroforstwirtschaft voll auszuschöpfen, ist der Zugang zu Finanzierung und Unterstützung entscheidend. Wir werden verschiedene Finanzierungsmöglichkeiten, Förderprogramme und Unterstützungseinrichtungen für

Agroforstwirtschaftsprojekte kennenlernen. Darüber hinaus werden wir auf die Bedeutung von Kapazitätsaufbau und Wissenstransfer eingehen, um Landwirte und Waldbesitzer bei der Umsetzung von Agroforstwirtschaftspraktiken zu unterstützen.

Die Agroforstwirtschaft bietet eine Vielzahl von ökonomischen Chancen und Vorteilen. Sie ermöglicht die Diversifizierung der Einkommensquellen, die Wertsteigerung von landwirtschaftlichen Flächen, Kosteneinsparungen, die Förderung des ländlichen Unternehmertums und den Zugang zu Finanzierung und Unterstützung. Durch die Integration von Bäumen in landwirtschaftliche Systeme können nachhaltige und profitable landwirtschaftliche Betriebe geschaffen werden.

Die Agroforstwirtschaft ist ein vielversprechender Ansatz, um sowohl ökologische als auch wirtschaftliche Ziele zu erreichen und eine nachhaltige Zukunft für unsere Landwirtschaft zu gestalten.

Wirtschaftliche Rentabilität der Agroforstwirtschaft:
Kosten, Nutzen und langfristige Perspektiven

In diesem Kapitel werden wir uns eingehend mit der wirtschaftlichen Rentabilität der Agroforstwirtschaft befassen.

Wir werden die Kosten, den Nutzen und die langfristigen Perspektiven dieser nachhaltigen landwirtschaftlichen Praxis untersuchen. Agroforstwirtschaft bietet nicht nur ökologische und soziale Vorteile, sondern kann auch zu einer rentablen und langfristig tragfähigen Wirtschaftsweise für Landwirte und Waldbesitzer werden.

Kosten der Agroforstwirtschaft:
Die Agroforstwirtschaft hat sich als nachhaltige und ressourceneffiziente landwirtschaftliche Methode etabliert, die zahlreiche ökologische und sozioökonomische Vorteile bietet. Bevor jedoch ein Landwirt oder eine Landwirtin sich für die Umstellung auf ein Agroforstsystem entscheidet, ist es wichtig, die damit verbundenen Kostenfaktoren zu analysieren.

Anfängliche Investitionskosten

Kauf von Baumsetzlingen oder Samen:
Die Etablierung eines Agroforstsystems erfordert die Beschaffung von Baumsetzlingen oder Samen für die gewünschten Baumarten. Wir werden die Kosten für den Kauf dieser pflanzlichen Materialien analysieren und auf verschiedene Faktoren wie Baumart, Qualität der Setzlinge und Größe der zu bepflanzenden Fläche eingehen.

Bodenvorbereitung:
Die Vorbereitung des Bodens für die Agroforstwirtschaft kann zusätzliche Kosten verursachen. Wir werden die verschiedenen Methoden der Bodenvorbereitung untersuchen, einschließlich Bodenbearbeitung, Unkrautbekämpfung und möglicherweise Bodenverbesserungsmaßnahmen.
Jeder dieser Schritte kann finanzielle Aufwendungen mit sich bringen, die wir detailliert betrachten werden.

Infrastrukturmaßnahmen:
Je nach Größe und Umfang des Agroforstsystems können auch Infrastrukturmaßnahmen erforderlich sein. Dazu

gehören möglicherweise die Errichtung von Zäunen, Bewässerungssystemen oder Schutzvorrichtungen gegen Schädlinge und Tiere. Wir werden die Kosten für solche Infrastrukturmaßnahmen analysieren und deren Auswirkungen auf die Gesamtkosten der Agroforstwirtschaft bewerten.

Laufende Kosten

Bewirtschaftung und Pflege:
Ein Agroforstsystem erfordert kontinuierliche Bewirtschaftung und Pflege, um das Wachstum und die Gesundheit der Bäume und Feldfrüchte zu gewährleisten. Wir werden die verschiedenen Aspekte der Bewirtschaftung und Pflege betrachten, wie beispielsweise Baumschnitt, Unkrautbekämpfung, Düngung und Schädlingsbekämpfung. Jeder dieser Aspekte kann Kosten verursachen, die wir im Detail untersuchen werden.

Ernte von Bäumen und Feldfrüchten:
Ein weiterer wichtiger Kostenfaktor der Agroforstwirtschaft ist die Ernte von Bäumen und Feldfrüchten. Wir werden die verschiedenen Aspekte der Ernte betrachten, einschließlich Ernteaufwand, Erntemaschinen oder -geräte, Arbeitskräfte und Transport. Durch die Analyse dieser Kosten können wir die finanziellen Auswirkungen der Ernte auf das Agroforstsystem abschätzen.

Nutzen der Agroforstwirtschaft

Die Agroforstwirtschaft bietet eine Vielzahl von Nutzen, die über die rein wirtschaftliche Rentabilität hinausgehen.

In diesem Kapitel werden wir uns eingehend mit den verschiedenen Kategorien von Nutzen befassen, die die Agroforstwirtschaft bietet.

Dazu gehören ökonomische, ökologische und soziale Vorteile, die sich aus der Implementierung eines Agroforstsystems ergeben. Wir werden die verschiedenen Aspekte dieser Nutzenkategorien analysieren, um ein umfassendes Verständnis für die Vorteile der Agroforstwirtschaft zu erlangen.

Ökonomische Vorteile:

Erträge aus Baum- und Feldfruchtprodukten: Die Agroforstwirtschaft ermöglicht die gleichzeitige Produktion von Bäumen und Feldfrüchten auf derselben Fläche. Wir werden die wirtschaftlichen Vorteile der Erträge aus dem Verkauf von Baumprodukten wie Holz, Obst oder Nüssen sowie Feldfruchtprodukten wie Getreide oder Gemüse analysieren.

Diversifizierung der Einkommensquellen:
Ein weiterer ökonomischer Vorteil der Agroforstwirtschaft liegt in der Diversifizierung der Einkommensquellen. Durch die Kombination von verschiedenen landwirtschaftlichen Produkten können Landwirte und Landwirtinnen ihr Einkommen stabilisieren und Risiken diversifizieren. Wir werden die Bedeutung dieser Diversifizierung untersuchen und ihre Auswirkungen auf die wirtschaftliche Rentabilität beleuchten.

Ökologische Vorteile:

Verbesserung der Bodenfruchtbarkeit:
Die Agroforstwirtschaft trägt zur Verbesserung der Bodenfruchtbarkeit bei. Durch die Integration von Bäumen in landwirtschaftliche Flächen wird die organische Substanz im Boden erhöht, was zu einer besseren Wasserspeicherung, Nährstoffretention und Strukturstabilität führt. Wir werden die Mechanismen hinter dieser Verbesserung der Bodenfruchtbarkeit untersuchen und ihre langfristigen ökologischen Vorteile analysieren.

Erosionsminderung und Bodenschutz:
Ein weiterer wichtiger ökologischer Vorteil der Agroforstwirtschaft liegt in der Reduzierung von Bodenerosion und dem Schutz des Bodens vor erosiven Prozessen. Die Kombination von Bäumen und landwirtschaftlichen Kulturen hilft, den Boden vor Wind- und Wassererosion zu schützen.

Mechanismen der Erosionsminderung

Winderosion:
Die Kombination von Bäumen und landwirtschaftlichen Kulturen in Agroforstsystemen spielt eine wichtige Rolle bei der Reduzierung von Winderosion. Bäume dienen als Windbrecher und reduzieren die Windgeschwindigkeit auf den landwirtschaftlichen Flächen. Dies verringert den Verlust von Bodenpartikeln und verhindert das Austrocknen des Bodens.

Wassererosion:
Ein weiterer bedeutender Aspekt des Bodenschutzes in der Agroforstwirtschaft ist die Reduzierung der Wassererosion. Durch die Anlage von Baumreihen oder Hecken in

Agroforstsystemen wird der Wasserfluss verlangsamt und die Erosion von Bodenpartikeln durch Oberflächenabfluss minimiert.

Langfristige Auswirkungen auf die Bodenfruchtbarkeit

Erhaltung der Bodenstruktur:
Die Reduzierung von Bodenerosion durch die Agroforstwirtschaft trägt zur Erhaltung der Bodenstruktur bei. Der Schutz der oberen Bodenschicht vor Erosion bewahrt die Aggregatstruktur und ermöglicht eine gute Durchwurzelung, Wasserdurchlässigkeit und Belüftung des Bodens.

Erhöhung der organischen Substanz:
Agroforstsysteme fördern die Ansammlung von organischer Substanz im Boden. Durch das Herabfallen von Blättern, Nadeln und anderen pflanzlichen Materialien der Bäume wird der Boden mit Nährstoffen angereichert und die Aktivität von Bodenorganismen gefördert. Dies trägt zur Steigerung der organischen Substanz und zur Verbesserung der Bodenfruchtbarkeit bei.

Schaffung von Lebensräumen für Tier- und Pflanzenarten:
Die Agroforstwirtschaft bietet vielfältige Lebensräume für Tier- und Pflanzenarten. Durch die Integration von Bäumen in landwirtschaftliche Flächen entstehen ökologische Nischen und Korridore, die die Biodiversität fördern. Wir werden die Rolle der Agroforstwirtschaft bei der Schaffung von Lebensräumen für verschiedene Arten untersuchen und ihre soziale Bedeutung für den Naturschutz diskutieren.

Zusätzliche Vorteile

Ökosystemleistungen und Klimaschutz:
Die Agroforstwirtschaft erbringt zusätzliche Dienstleistungen, die über die direkte Produktion von Baum- und Feldfruchtprodukten hinausgehen. Dazu gehören Ökosystemleistungen wie die Verbesserung der Luft- und Wasserqualität, die Verringerung des Treibhausgasausstoßes und die Speicherung von Kohlenstoff. Wir werden die verschiedenen ökosystemaren und klimabezogenen Vorteile der Agroforstwirtschaft untersuchen und ihre soziale Bedeutung für die Umweltqualität und den Klimaschutz herausstellen.

Langfristige Perspektiven

Ein wesentliches Element der wirtschaftlichen Rentabilität der Agroforstwirtschaft ist ihre langfristige Perspektive. Wir werden die langfristigen Vorteile und Chancen der Agroforstwirtschaft untersuchen, darunter die Entwicklung stabiler landwirtschaftlicher Systeme, die Anpassungsfähigkeit an den Klimawandel und die Schaffung nachhaltiger Einkommensquellen für zukünftige Generationen.

Die wirtschaftliche Rentabilität der Agroforstwirtschaft beruht auf einem ausgewogenen Verhältnis zwischen den Kosten und dem Nutzen dieser landwirtschaftlichen Praxis. Durch eine gründliche Analyse der Kostenfaktoren, der verschiedenen Nutzenkategorien und der langfristigen Perspektiven können wir ein umfassendes Verständnis für die wirtschaftliche Tragfähigkeit der Agroforstwirtschaft gewinnen.

Stabile landwirtschaftliche Systeme:
Agroforstsysteme haben das Potenzial, stabile und widerstandsfähige landwirtschaftliche Systeme zu schaffen. Durch die Kombination von Bäumen und Feldfrüchten können Synergien genutzt werden, um die Produktivität zu steigern und die Risiken von Ernteausfällen aufgrund von Klimaextremen zu verringern. Dies ermöglicht den Landwirten, langfristig stabile Erträge zu erzielen und ihre Lebensgrundlage zu sichern.

Anpassungsfähigkeit an den Klimawandel:
Agroforstsysteme sind bekannt für ihre Fähigkeit, zur Anpassung an den Klimawandel beizutragen. Durch die Integration von Bäumen können Agroforstsysteme dazu beitragen, die Auswirkungen des Klimawandels, wie z.B. zunehmende Trockenheit oder erhöhte Temperaturen, abzumildern. Bäume können Schatten spenden, Feuchtigkeit speichern und den Boden vor Erosion schützen. Dadurch wird die Widerstandsfähigkeit des Systems gegenüber klimatischen Stressfaktoren erhöht.

Nachhaltige Einkommensquellen:
Agroforstsysteme bieten die Möglichkeit, nachhaltige Einkommensquellen für zukünftige Generationen zu schaffen. Durch die Integration von Bäumen mit wirtschaftlichem Wert können landwirtschaftliche Betriebe langfristig Einnahmen generieren. Der Anbau von Baumsorten mit hoher Nachfrage auf dem Markt, wie z.B. Edelhölzer oder Früchte mit hohem Marktwert, kann zu einer stabilen Einkommensquelle führen. Dies bietet den Landwirten eine langfristige wirtschaftliche Perspektive und trägt zur nachhaltigen Entwicklung ländlicher Gemeinschaften bei.

Bildung, Forschung und politische Unterstützung:
Die Förderung der Agroforstwirtschaft erfordert Bildungs- und Forschungsprogramme, um das Wissen und die Fähigkeiten der Landwirte im Bereich der Agroforstwirtschaft zu verbessern.

Es ist wichtig, die Vorteile und die Umsetzung von Agroforstsystemen zu kommunizieren und zu unterstützen. Darüber hinaus sind politische Unterstützung und Anreize für Landwirte erforderlich, um den Übergang zur Agroforstwirtschaft zu erleichtern. Dies kann beispielsweise durch

Förderprogramme, steuerliche Anreize oder die Integration von Agroforstsystemen in landwirtschaftliche Politiken und Programme geschehen.
Die langfristigen Perspektiven der Agroforstwirtschaft sind vielversprechend. Durch die Schaffung stabiler landwirtschaftlicher Systeme, die Anpassungsfähigkeit an den Klimawandel und die Entwicklung nachhaltiger Einkommensquellen kann die Agroforstwirtschaft einen positiven Beitrag zur ökonomischen Entwicklung und zur nachhaltigen Landnutzung leisten.

Es ist wichtig, diese Perspektiven zu erkennen und Maßnahmen zu ergreifen, um die Umsetzung von Agroforstsystemen zu fördern und zu unterstützen. Um die langfristigen Perspektiven der Agroforstwirtschaft besser zu verstehen, werfen wir einen Blick auf einige Fallbeispiele, die zeigen, wie Agroforstsysteme erfolgreich in verschiedenen Regionen der Welt umgesetzt wurden:

Das Projekt "Landwirtschaftliche Bäume für die Zukunft" in Malawi:

Dieses Projekt konzentriert sich auf die Integration von Bäumen in landwirtschaftliche Betriebe, um die Ernährungssicherheit und das Einkommen der Bauern zu verbessern. Durch die Anpflanzung von Bäumen wie Moringa, Jatropha und Neem können die Bauern sowohl Nahrungsmittel als auch Einkommensquellen aus dem Verkauf von Baumprodukten wie Öl, Samen und Blättern erzeugen. Das Projekt hat positive Auswirkungen auf die Ernährungssicherheit, die Bodenfruchtbarkeit und die Einkommensdiversifizierung der Bauern.

Das "Homegardening"-Programm in Kerala, Indien:
In diesem Programm werden in den Gärten der Menschen verschiedene Baumarten mit Feldfrüchten kombiniert. Durch die Integration von Bäumen wie Bananen, Kokospalmen, Jackfrucht und Gemüsepflanzen können die Bewohner ihre Nahrungsmittelversorgung diversifizieren und zusätzliches Einkommen aus dem Verkauf von Baumprodukten erzielen. Das Programm trägt zur Erhaltung der Biodiversität, zur Verbesserung der Bodenfruchtbarkeit und zur Anpassung an den Klimawandel bei.

Die Agroforstsysteme in der brasilianischen Amazonasregion:
In dieser Region haben Forscher und Landwirte Agroforstsysteme entwickelt, um die Abholzung des Regenwaldes zu verringern und gleichzeitig die Lebensgrundlage der lokalen Gemeinschaften zu verbessern. Durch die Integration von Obstbäumen, Heilpflanzen und einheimischen Baumarten mit landwirtschaftlichen Kulturen wie Kaffee und Kakao werden sowohl ökologische als auch wirtschaftliche Vorteile erzielt. Die Agroforstsysteme fördern die

Bodenfruchtbarkeit, bieten zusätzliche Einkommensmöglichkeiten und tragen zur Erhaltung der biologischen Vielfalt bei.

Die "Finca Neem" in Costa Rica:

Bei der Finca Neem handelt es sich um einen landwirtschaftlichen Betrieb, der auf Agroforstsysteme spezialisiert ist. Hier werden verschiedene Baumarten wie Neem, Teak und Kakao mit landwirtschaftlichen Kulturen wie Mais, Bohnen und Gemüse kombiniert. Das System bietet den Landwirten nicht nur eine nachhaltige Einkommensquelle durch den Verkauf von Holz, Früchten und anderen Erzeugnissen, sondern trägt auch zur Bodenfruchtbarkeit, Erosionskontrolle und Biodiversität bei. Die Finca Neem zeigt, wie Agroforstwirtschaft langfristige wirtschaftliche und ökologische Vorteile bieten kann.

Das "Sistema Agroflorestal" in Brasilien:

Das Sistema Agroflorestal ist ein Agroforstsystem, das in der brasilianischen Cerrado-Region angewendet wird. Hier werden landwirtschaftliche Kulturen wie Soja, Mais und Bohnen zusammen mit einheimischen Baumarten wie Jatobá und Ingá kombiniert. Dieses System ermöglicht eine nachhaltige Landwirtschaft und trägt zur Einkommensdiversifizierung der Landwirte bei. Es fördert auch die Erhaltung der einheimischen Pflanzenarten und bietet Lebensräume für eine Vielzahl von Tierarten. Das Sistema Agroflorestal ist ein erfolgreiches Beispiel für die Nutzung der Agroforstwirtschaft zur Förderung der nachhaltigen Entwicklung in der Region.

Das "Guludo Beach Eco Resort" in Mosambik:

Das Guludo Beach Eco Resort ist ein nachhaltiges

Tourismusprojekt, das Agroforstwirtschaft nutzt, um die lokale Gemeinschaft zu unterstützen und die Umwelt zu schützen. Hier werden Bäume wie Cashew, Mangobaum und Kokospalme mit landwirtschaftlichen Kulturen und Gemüsegärten kombiniert. Das Resort kauft die Erzeugnisse von den lokalen Landwirten und verwendet sie in ihren gastronomischen Angeboten. Dies schafft Arbeitsplätze und verbessert die wirtschaftliche Situation der Gemeinschaft. Darüber hinaus trägt das Agroforstsystem zur Wiederherstellung degradierter Böden, zur Wasserspeicherung und zur Schaffung von Lebensräumen für die Tier- und Pflanzenwelt bei.

Diese Fallbeispiele zeigen, dass Agroforstsysteme in verschiedenen Kontexten erfolgreich umgesetzt werden können.

Sie tragen zur Ernährungssicherheit, zur Armutsbekämpfung, zur ökologischen Nachhaltigkeit und zur Anpassungsfähigkeit an den Klimawandel bei. Durch die Integration von Bäumen mit landwirtschaftlichen Kulturen können langfristige Perspektiven geschaffen werden, die sowohl wirtschaftliche als auch ökologische Vorteile bieten.

Die Fallbeispiele zeigen, dass die Agroforstwirtschaft eine vielversprechende Lösung für die Herausforderungen der heutigen Landwirtschaft und Umweltprobleme sein kann.

Agroforstwirtschaft und sozioökonomische Entwicklung: Chancen und Herausforderungen

In diesem Kapitel werden wir uns mit den sozioökonomischen Aspekten der Agroforstwirtschaft befassen und die Chancen und Herausforderungen, die sich daraus ergeben, untersuchen. Agroforstwirtschaft bietet nicht nur ökologische Vorteile, sondern auch Potenzial für die sozioökonomische Entwicklung von Gemeinschaften und Regionen auf der ganzen Welt.

Wir werden verschiedene Aspekte betrachten, darunter die Schaffung von Arbeitsplätzen, Einkommensdiversifizierung, Ernährungssicherheit und soziale Gerechtigkeit. Gleichzeitig werden wir auf die Herausforderungen eingehen, die bei der Umsetzung und Förderung der Agroforstwirtschaft auftreten können.

Schaffung von Arbeitsplätzen und Einkommensmöglichkeiten: Die Agroforstwirtschaft bietet eine Vielzahl von Arbeitsplätzen und Einkommensmöglichkeiten für Menschen in ländlichen Gebieten. Durch die Kombination von Baum- und Feldfruchtanbau entstehen verschiedene Tätigkeiten, wie Baumpflege, Ernte, Verarbeitung und Vermarktung von Produkten. Die Integration von Agroforstsystemen in die landwirtschaftliche Produktion schafft neue Arbeitsplätze entlang der Wertschöpfungskette und trägt zur Einkommensdiversifizierung bei. Insbesondere für kleinbäuerliche Gemeinschaften kann dies eine wichtige wirtschaftliche Stabilität und verbesserte Lebensgrundlagen bedeuten.

Ernährungssicherheit und Ernährungssouveränität: Agroforstsysteme können zur Ernährungssicherheit und

Ernährungssouveränität beitragen, indem sie die Vielfalt der angebauten Lebensmittel erhöhen. Die Kombination von Baum- und Feldfruchtanbau ermöglicht eine größere Vielfalt an Nahrungsmitteln, darunter Obst, Gemüse, Getreide und Hülsenfrüchte. Dies trägt zur Ernährungsvielfalt bei und erhöht die Verfügbarkeit von gesunden Lebensmitteln in lokalen Gemeinschaften. Agroforstsysteme bieten auch die Möglichkeit, traditionelle Sorten und lokale Pflanzenarten anzubauen, was zur Erhaltung der biologischen Vielfalt beiträgt.

Soziale Gerechtigkeit und Gemeinschaftsbeteiligung: Die Agroforstwirtschaft kann zu einer verbesserten sozialen Gerechtigkeit und Gemeinschaftsbeteiligung beitragen. Durch die Einbindung von Gemeinschaften in die Planung, Umsetzung und Verwaltung von Agroforstsystemen wird eine gemeinsame Entscheidungsfindung und Partizipation ermöglicht. Dies fördert die Stärkung lokaler Gemeinschaften, die Anerkennung traditionellen Wissens und die Wahrung kultureller Identitäten. Die Agroforstwirtschaft bietet auch Möglichkeiten für Genossenschaften, Kooperativen und andere Formen der gemeinsamen Landnutzung, um die Vorteile gemeinsam zu nutzen und Einkommen gerecht zu verteilen.

Herausforderungen

Trotz der vielfältigen Chancen, die die Agroforstwirtschaft bietet, sind auch Herausforderungen zu beachten. Dazu gehören:

Landrechte und Landnutzungskonflikte: Der Zugang

zu Land und die Sicherung von Landrechten sind entscheidend für den Erfolg von Agroforstprojekten. Landnutzungskonflikte können auftreten, insbesondere in Regionen mit begrenztem Land und unterschiedlichen Landnutzungsinteressen. Die Förderung gerechter und transparenter Landrechtsregelungen ist von großer Bedeutung.

Wissen und Ausbildung: Die erfolgreiche Umsetzung von Agroforstsystemen erfordert ein hohes Maß an Wissen und Fähigkeiten. Die Schulung von Landwirten, Agronomen und anderen Akteuren ist wichtig, um die richtigen Praktiken und Techniken anzuwenden. Die Bereitstellung von Bildungs- und Schulungsprogrammen ist daher von großer Bedeutung, um das Verständnis und die Umsetzung der Agroforstwirtschaft zu fördern.

Marktzugang und Wertschöpfung: Agroforstprodukte müssen Zugang zu Märkten und angemessenen Preisen haben, um wirtschaftlich rentabel zu sein. Es besteht die Notwendigkeit, Verbindungen zu lokalen, regionalen und internationalen Märkten herzustellen und Wertschöpfungsketten zu stärken. Die Förderung von Zertifizierungen und nachhaltigen Handelspraktiken kann den Marktzugang verbessern.

Politische Unterstützung und Rahmenbedingungen: Die politische Unterstützung und die Schaffung günstiger Rahmenbedingungen sind entscheidend für die Förderung der Agroforstwirtschaft. Dies umfasst die Entwicklung von Politiken, die die Agroforstwirtschaft fördern, die Bereitstellung von finanziellen Anreizen und Förderprogrammen sowie die Integration von Agroforstsystemen in nationale landwirtschaftliche

Entwicklungspläne.

Die Agroforstwirtschaft bietet zahlreiche Chancen für die sozioökonomische Entwicklung von Gemeinschaften und Regionen.

Durch die Schaffung von Arbeitsplätzen, die Verbesserung der Ernährungssicherheit, die Förderung der sozialen Gerechtigkeit und die Stärkung lokaler Gemeinschaften trägt sie zur Verbesserung der Lebensbedingungen und zur nachhaltigen Entwicklung bei.

Dennoch sind auch Herausforderungen zu bewältigen, darunter Landrechte, Wissen und Ausbildung, Marktzugang und politische Unterstützung. Mit einem ganzheitlichen Ansatz, der auf Zusammenarbeit, Bildung und politischem Engagement basiert, können diese Herausforderungen überwunden werden, um die Agroforstwirtschaft als Instrument für eine nachhaltige sozioökonomische Entwicklung zu nutzen.

Agroforstwirtschaft: Die Zukunft der nachhaltigen Landnutzung

In diesem abschließenden Kapitel werden wir einen Blick in die Zukunft der Agroforstwirtschaft werfen und ihre Rolle als nachhaltige Landnutzungsmethode analysieren. Wir haben bereits die vielfältigen Vorteile und Potenziale der Agroforstwirtschaft betrachtet, angefangen von der Erhaltung der Biodiversität bis hin zur Verbesserung der Bodenfruchtbarkeit und der sozioökonomischen Entwicklung.

Nun werden wir uns darauf konzentrieren, wie die Agroforstwirtschaft weiterentwickelt und in globalen Maßstab ausgeweitet werden kann, um eine nachhaltigere Zukunft für die Landwirtschaft zu schaffen.

Skalierung und Anpassung:
Um das volle Potenzial der Agroforstwirtschaft auszuschöpfen, ist es notwendig, sie auf größere Flächen und in verschiedenen Regionen weltweit anzuwenden. Die Skalierung erfordert jedoch eine sorgfältige Anpassung an lokale Gegebenheiten, einschließlich klimatischer Bedingungen, Bodentypen und kultureller Praktiken. Durch die Entwicklung von Richtlinien, Schulungsprogrammen und Wissensaustausch können bewährte Praktiken und Erfahrungen geteilt werden, um die Umsetzung der Agroforstwirtschaft zu erleichtern.

Integration in landwirtschaftliche Politiken und Programme:
Damit die Agroforstwirtschaft ihr volles Potenzial entfalten kann, ist eine Integration in landwirtschaftliche Politiken und Programme auf nationaler und internationaler Ebene

von entscheidender Bedeutung.

Die Förderung und Unterstützung durch Regierungen, Entwicklungsinstitutionen und andere relevante Akteure kann dazu beitragen, die Agroforstwirtschaft als anerkannte und geförderte landwirtschaftliche Praktik zu etablieren. Dies kann beispielsweise durch finanzielle Anreize, Förderprogramme und politische Maßnahmen zur Unterstützung der Agroforstwirtschaft geschehen.

Forschung und Innovation:
Die kontinuierliche Forschung und Innovation spielen eine wichtige Rolle bei der Weiterentwicklung der Agroforstwirtschaft. Neue Sorten von Baum- und Feldfruchtarten, verbesserte Anbautechniken, nachhaltige Bewirtschaftungspraktiken und Technologien können dazu beitragen, die Effizienz und Nachhaltigkeit von Agroforstsystemen weiter zu verbessern. Die Zusammenarbeit zwischen Forschungsinstitutionen, Universitäten und Landwirten ist entscheidend, um das Wissen über die Agroforstwirtschaft zu erweitern und die Umsetzung voranzutreiben.

Sensibilisierung und Bildung:
Die Sensibilisierung und Bildung der Öffentlichkeit sind entscheidend, um das Bewusstsein für die Agroforstwirtschaft zu schärfen und ihr Verständnis zu fördern. Die Förderung von Bildungsprogrammen, Informationskampagnen und Schulungen kann dazu beitragen, das Wissen und die Akzeptanz der Agroforstwirtschaft bei Landwirten, Entscheidungsträgern und der breiten Öffentlichkeit zu erhöhen. Durch eine breite Unterstützung und ein Verständnis für die Vorteile der Agroforstwirtschaft kann ihre Verbreitung und

Umsetzung gefördert werden.

Partnerschaften und Zusammenarbeit:
Die Agroforstwirtschaft erfordert die Zusammenarbeit und Partnerschaft zwischen verschiedenen Akteuren, einschließlich Landwirten, Gemeinschaften, Regierungen, NGOs, Forschungsinstitutionen und dem Privatsektor. Durch die Zusammenarbeit und den Austausch von Wissen, Ressourcen und Erfahrungen können Synergien geschaffen und Herausforderungen gemeinsam bewältigt werden. Partnerschaften können auch zur Entwicklung von Finanzierungsmechanismen und zur Mobilisierung von Ressourcen beitragen, um die Umsetzung der Agroforstwirtschaft zu unterstützen.

Die Agroforstwirtschaft bietet eine vielversprechende Zukunft für eine nachhaltigere Landnutzung. Durch die Integration von Bäumen in landwirtschaftliche Systeme können wir ökologische und ökonomische Vorteile erzielen, die dazu beitragen, die Herausforderungen der Ernährungssicherheit, des Klimawandels und des Verlusts der Biodiversität anzugehen. Die Agroforstwirtschaft ist ein ganzheitlicher Ansatz, der die Natur und die Bedürfnisse der Menschen in Einklang bringt und eine nachhaltige Landwirtschaft fördert.

Um die Agroforstwirtschaft in großem Maßstab umzusetzen, sind jedoch weitere Anstrengungen und Investitionen erforderlich.

Dies erfordert politische Unterstützung, Forschung und Innovation, Bildung und Sensibilisierung sowie Partnerschaften und Zusammenarbeit auf allen Ebenen. Durch diese gemeinsamen Bemühungen können wir die

Agroforstwirtschaft als eine zukunftsfähige und nachhaltige Landnutzungsmethode etablieren und damit eine lebenswerte und gesunde Umwelt für zukünftige Generationen schaffen.

Die Zeit für die Agroforstwirtschaft ist gekommen, und es liegt in unserer Verantwortung, sie zu fördern und voranzutreiben.

SCHLUSSWORT

Es ist an der Zeit, all den Menschen und Organisationen zu danken, die zur Entstehung dieses Buches über die Agroforstwirtschaft beigetragen haben.

Ohne ihre Unterstützung, Expertise und Leidenschaft wäre dieses Werk nicht möglich gewesen.

Zunächst möchte ich mich bei den Landwirten und Landwirtinnen bedanken, die die Agroforstwirtschaft praktizieren und tagtäglich daran arbeiten, unsere Landschaften nachhaltiger und produktiver zu gestalten. Ihr Wissen und eure Erfahrungen haben einen unschätzbaren Beitrag zu diesem Buch geleistet.

Ein großer Dank gebührt auch den Forschern und Wissenschaftlern, die sich mit Leidenschaft der Agroforstwirtschaft widmen.

Ihre bahnbrechenden Studien und Erkenntnisse haben nicht nur die Grundlage für dieses Buch geschaffen, sondern tragen auch zur Weiterentwicklung und Verbesserung der Agroforstwirtschaft bei.

Des Weiteren möchte ich den Organisationen und NGOs danken, die sich für die Förderung und Umsetzung der Agroforstwirtschaft einsetzen. Ihr Engagement und eure Bemühungen haben dazu beigetragen, das Bewusstsein für die Vorteile dieser nachhaltigen Landnutzungsmethode zu schärfen und ihre Verbreitung zu fördern.

Ein herzliches Dankeschön gilt auch meinem Kollegen Dr.

Roland Zorbach, der mich bei der Erstellung dieses Buches unterstützt hat. Deine fachliche Expertise und kritischen Rückmeldungen haben dazu beigetragen, dass dieses Werk seinen Zweck erfüllt und den Lesern wertvolles Wissen vermittelt.

Mein Dank gilt auch den Lesern dieses Buches. Ich hoffe, dass ihr inspiriert und informiert werdet, und dass die Inhalte dieses Buches dazu beitragen, das Bewusstsein für die Agroforstwirtschaft zu schärfen und eine nachhaltigere Zukunft zu gestalten.

In tiefer Dankbarkeit,

Dominik Rainer

www.ingramcontent.com/pod-product-compliance
Lightning Source LLC
Chambersburg PA
CBHW052333220526
45472CB00001B/409